暗闇ラジオ対話集

—DIALOGUE
—DIALOGUE
RADIO
RADIO
IN THE DARK—
IN THE DARK—

J-WAVE 志村季世恵

anonima st.

はじめに

本書のもととなった「ＤＩＡＬＯＧＵＥ ＲＡＤＩＯ ～ｉｎ ｔｈｅ Ｄａｒｋ～」(ダイアログラジオ・イン・ザ・ダーク) は、ラジオ局Ｊ-ＷＡＶＥとダイアログ・イン・ザ・ダーク (ＤＩＤ)、そしてバースセラピストでありＤＩＤ総合プロデューサーの志村季世恵との組み合わせから生まれました。

Ｊ-ＷＡＶＥとＤＩＤの出会いは21年前に遡ります。どちらも「都市生活者にソーシャルグッドな新しい体験を提供していく」という共通の目標があり、以降様々な試みをご一緒してきました。Ｊ-ＷＡＶＥは、音楽やアート、食文化を中心に社会的な意識を持った放送局で様々な社会貢献活動を展開。新しい価値観、ライフスタイルなどに敏感で、よりよい社会への願いを持ちながら、ビビッドに反応していくリスナーが多いのが特徴です。

一方、ＤＩＤは１９８８年にドイツで生まれ、現在は世界47カ国以上で開催されています。日本では１９９９年の初開催以降、各地で短期イベントを続け、２００９年東京・外苑前に常設オープン。その後移転を経て、２０２０年夏には、東京・竹芝にダイアログ・ダイバーシティミュージアム「対話の森」が完成しました。この場を訪れた方は、アテンドと呼ばれるマイノリティーと、ソーシャルエンターテイメントを通して出会い対話をし、世の中を分断している様々な偏見や障がいといった〝垣根〟を取り払う体験ができる場です。

志村季世恵は、バースセラピストとしてこれまで4万人以上の方の心のケアをしてきました。30年近く前、日本でもＤＩＤを開催したいと考えた私は、彼女に相談を持ち掛けたのです。果たして、発案者のアンドレアス・ハイネッケ博士は日本での開催と、コンテンツをカスタマイズすることを許可してくれました。彼女が暗闇の特質をポジティブに変換することができる人だと感じたからでしょう。それは暗闇のラジオも同様です。暗闇の中にゲストを迎えて対話できる人はそうそういるものではありません。

「暗闇」という文字の中には、「音」という字が２つも含まれています。暗闇では、声や音が大切です。もともと視覚を使わないラジオというメディアの特性とＤＩＤの暗闇の特性を活かして生まれたのが、この「暗闇ラジオ」、ダイアログラジオ・イン・ザ・ダークです。ＤＩＤの暗闇は温かく、人を柔らかくしてくれます。

放送時間は毎月第２日曜日深夜１時から２時までという、すでに新たな週が始まろうとする時刻。休日のプライベートな自分から、社会的な立場に移行する間の、ありのままの自分でいられる時間です。加えて、聴覚障がい者にも対話の内容がわかるように全文テキスト化し、放送後に番組ホームページで公開しています。このような合理的配慮はＪ-ＷＡＶＥらしい取り組みだと思います。

２０１７年に生まれたこのイノベーティブな「暗闇ラジオ」では、すでに各界で活躍されている50名以上のゲストとの対話が繰り広げられました。この本が、先が見えないこの時代に対等な対話の重要性を示し、未来に向けて発信してくれることを願っています。

そしてこの場を借りて番組スポンサーである東日本旅客鉄道株式会社に、Ｊ-ＷＡＶＥのみなさんに心から感謝申し上げます。

ダイアログ・イン・ザ・ダークジャパン代表　志村《しむら》真介《しんすけ》

「暗闇ラジオ」へ、ようこそ

まるでダイアログ・イン・ザ・ダークの暗闇の世界を訪れた時のように、ゆっくりとページをめくってみてください。

お迎えしたゲストと私の息遣いが聞こえてきませんか。真っ暗の中での収録は、相手の姿も自分の掌さえも見えないのです。それは収録をしている制作チームも同様で、機材も何もかも暗闇の中に溶け込んで見ることはできません。

どうしてこんなことをしているのでしょう。それは身分も立場も経験も超えて私たちは暗闇で出会い、おしゃべりをするためなのです。まるで原始的。時計も見えない。台本も読めない。本音を語る私たちに映るものは相手の心に灯る光。それを頼りに、ゆっくり話し始めます。

この対話の中にはゲストからのメッセージが散りばめられています。本を読んでくださるあなたの何らかの指針になってくれることを願っています。

志村季世恵《しむらきよえ》

この本の読み方

本書はラジオ番組「DIALOGUE RADIO ～in the Dark～」での対話をもとにしています。ラジオ収録時は、純度100%の暗闇の中にホストとゲストが座り、収録用マイクをはさんで対話をしています。収録機材はすべて、一点の光も見えないように工夫されています。

読みやすくするために一部省略をしていますが、暗闇での対話は相づちが多いのが特徴です。暗闇の中では相手が見えず、アイコンタクトやうなずく様子も見えないため、こまめに相づちを入れないと話し手が不安になったり、話しづらくなったりすることがあるからです。

声だけが頼りの非日常な環境の中で交わされた対話、ぜひ暗闇に身を置くイメージをしながら読んでみてください。

はじめに　ダイアログ・イン・ザ・ダークジャパン代表　志村真介　2
「暗闇ラジオ」へ、ようこそ　志村季世恵　4
この本の読み方　5

In the Dark @ 浅草橋　11

深い所に降りていくと、自分のいいものが引き出される　12
茂木健一郎（脳科学者）

社会のために生きなくていい、お互いに迷惑をかけ合えばいい　26
東ちづる（俳優・一般社団法人Get in touch代表）

暗闇を経験することは、新しいものを生み出す力になる　40
田中利典（修験僧）

見えているから、わかっているつもりになってしまいがち　56
別所哲也（俳優）

In the Dark @ 神宮外苑 71
自己の宇宙に意識を向ければ、生命としての根源に還っていける 72
野村萬斎（狂言師）
文化や背景が違えば、感じ方はまったく違うということ 88
田中慶子（同時通訳者）
In the Light @ オンライン 101
孤独な「モノローグ」から、繋がりを感じられる「ダイアログ」へ 102
熊谷晋一郎（小児科医）
In the Dark @ 対話の森 119
当事者になった自分が、直接伝えられること 120
笠井信輔（フリーアナウンサー）

痛みを内包しながら生きていく、人間の力強さや希望
コロンえりか（音楽家） 132

しんどい時はやり過ごす。目の前のことすべてに向き合わなくてもいい
小島慶子（エッセイスト・タレント） 144

食べる楽しみを広げてくれる、味覚と記憶と言葉
間 光男（フレンチシェフ） 158

心とは違う表情や言葉とか、余計なことをしない世界ってシンプル
一青 窈（歌手） 172

信じてくれる人がいたから、自分にしかできないことを見つけられた
小林さやか（ビリギャル本人） 186

心から「ありがとう」って伝えたい、「ごめんなさい」じゃなくて
及川美紀（株式会社ポーラ 代表取締役社長） 200

人生は〝対話〟の外にある。湧き出たり、発酵したりする時間も必要 214
森川すいめい（精神科医）
愛という宝が守り育ててくれる。そしてまた誰かに伝えられる 226
松田美由紀（女優・写真家）
見える見えないではなくどれだけ心で対話できるか、その人を感じるか 238
平原綾香（シンガーソングライター）
特別編　目を使わないアテンドスタッフたちとの対話 253
内面と向き合い新たな可能性を拓く 264
表　輝幸（東日本旅客鉄道株式会社 常務執行役員）
逆方向から世界を覗くと見えてくるもの 266
久保野永靖（J-WAVE　プロデューサー）

IN THE DARK at ASAKUSABASHI

2009年から続けてきた東京・外苑前の常設会場をクローズ、2017年から浅草橋に移りました。ここはダイアログをさらに成長させるラボとして活用。「暗闇ラジオ」はこの暗闇から始まりました。

深い所に降りていくと、自分のいいものが引き出される

茂木《もぎ》健一郎《けんいちろう》(脳科学者)

言葉で伝えないと、伝わらない

みきティ（アテンド）　扉を開けましたので、どうぞ、お入りください。

茂木　空気がふぁ〜って変わる感じだね。

みきティ　そうなんですよね。空間の様子も、肌に感じる感覚でおわかりいただけるかと思います。それでは季世恵さんがいる場所まで、季世恵さんの声を頼りに進んでみてください。途中、テーブルとか椅子なども置いてありますので、杖（白杖）で確認して避けながら進んでください。

志村　はーい、ここですよー！　この辺ですから歩いてきて〜。

茂木　え、全然わかんない。

志村　だんだん、だんだん、近づいてきていません？　私のほうに。

茂木　なんとなく、方向はわかるんだけど、あ、なんかに当たった！　なんだこれ？　ちょっと待って、あ、なんか椅子みたいなのに。

志村　手を出していますよ、私。

茂木　あ、いた！

志村　会えたー！

みきティ　茂木さん、お手を失礼しますね。しゃがんで手をこのまま下げてください。そのあたりに椅子があります。で、テーブルがこちらにあります。

茂木　あ、ほんとだ、テーブルがあった！

みきティ　はい、どうぞおかけください。よろしければお飲み物をご用意しています。今日は、ちょっと夏らしいものがいいかなと思いまして、4種類ご用意しています。一つ目は麦茶です。もう一つは100％のオレンジジュース、もう一つはシュワッと炭酸水、そして、やっぱり夏にゴクゴク飲みたいものと言えば、ビール！

茂木　ビールまであるの？

みきティ　はい。ぜひお二人ともお好きなものをご注文ください。

茂木　じゃあレディーファーストで、季世恵さん。

志村　私は炭酸水が飲みたいな！

茂木　僕も炭酸水、お願いします。

みきティ　はい、ではご用意しますね、お待ちください。

茂木　でも不思議なんだよな～、だってさ、みきティはどうやって4つを、どれがなにかわかるんだろう？　置き場所を覚えてるのかな？

志村　形もきっと違いますよね。

茂木　あー、容れ物の形が違うのか！　それにしてもすごいね。

志村　そして、なにしろ注ぐのがすごいの。茂木さん、自分で暗い所でお酌とか、何かを器に注いだりしたことないですか？

茂木　うーん、やろうとしたことはあったんですけど、ここまで暗いっていうのはまだないですね。

志村　私ね、けっこう練習しているんですよ！　自分でもやってみないとなと思ってね。そうすると、やっぱりわかってくるんですよね。

茂木　あ、わかってくるんですか。

志村　練習だなーって思いますね、なんでもね。

茂木　やっぱり脳の視覚野を使わないと、ほかの感覚野で補おうとするから。間違えると脳は活性化するし、回路が変わってくると思うんですけど、そういう実感あります？

志村　なるほど〜、目を使ってないとやっぱり違うことが出てきますね。例えば、ドリンクを注ぐ時の音もそうだけど、コップの温度が変わっていくのがわかってくるんですよ。

茂木　へー！

志村　指をね、コップに当てて注ぐの。そうすると意外と温度が変わってくるとか、あと重さ。

茂木　あー、そうか。注ぐとだんだん重くなってくるのがわかるってことですよね。

志村　そうそう。それって脳のどこか違う所を使っているんですか？

茂木　体性感覚野ですよね。視覚野《しかくや》から後頭葉《こうとうよう》を中心として脳の30％ぐらいを占めちゃっているので、逆にその30％を使わないことによってほかの回路が使われて、潜在能力が発揮されるというか。

僕が最初に「ダイアログ・イン・ザ・ダーク」を体験したのは1999年だったと思うんですけど、あの時ほんとにびっくりしましたもんね。それから時々うかがってますけど、その度に発見があります。

志村　最初の発見ってなんだったんですか？

茂木　普段から脳は視覚が中心で、ものすごく視覚が重要になっていて、逆にそれを一旦オフにした時に、いかにほかの感覚が研ぎ澄まされるかということを思いましたね。あと、ダイアログを経験するると、言葉を大事にするようになるのかもしれないね。やっぱり言葉でちゃんと伝えないと伝わらないじゃない？　例えば、家族でも思春期の子どもとか「あー、わかってるよ！」とか言ってお父さんお母さんに言葉でちゃんと伝えないけど、ダイアログだとすべて言葉にしないと伝わらない。だから思うんだけどさ、今社会がギスギスしちゃっているんだけど、みんなダイアログ的なツイッターとか、ダイアログ的なインスタグラムをやったらいいいんじゃないかね。

志村　どういうふうに？

茂木　前提にしていることからちゃんと説明するというか、丁寧に。

志村　あー、なるほど。あったことをちゃんと最初から説明するみたいな？

茂木　そうそう。マインドフルネスってすごく注目されていて、判断する前にちゃんと全部を見ようねっていうことなんですけど、やっぱり社会のいろんなことも社会的マインドフルネスが必要な気がして。なにかについて賛成・反対っていうんじゃなくて、「そのことってこういうこと？」とか、「いろいろあってこうだよね？」って全体を見渡してからものを伝えるようにすると、意外と炎上もしないし、ケンカしないで済むような気がする。

怖いと思うものの先に真実がある

志村　ダイアログで大事にしたいなと思うのって、どっちが正しい・正しくないじゃなくて、「一回ちゃんとお互い聞き合ってみようよ」ということなんですね。それもほら、どんな服を着ているかわからないし、暗闇って。ネクタイを着けているかとか、宝石を着けているかとか、わからないじゃないですか。年齢もあんまりわからないし。

茂木　そう。僕ね、エイジズムっていうのかな、年齢で人をどうのこうのって、前からあんまり好きじゃなくて。某動画配信大手のCEOの人と話したら、そこではユーザーの好みの分析をする時に性別・年齢のデータを取るのをやめたって言うんですよ、関係ないからって。「何歳だからこの映画が好き」というのは関係なくて、「これが好きな人は何歳でもこれが好き」ということとか。年齢とか性別で人を見るというのは、基本的にビジネス上役に立たないって。これ大発見だと思うんです。

志村　わー、それいいですね。

茂木　だからまさにダイアログの中でも、こうやってお互いに年齢はわからないじゃない？

志村　そうですよね。年齢にとらわれすぎていますよね。でもそのとらわれから解き放たれていくと、ちょっと違った出会い方があるかもしれないですね。そしたら対話も楽しいだろうし、自分で作っちゃった壁も取り払えるかもしれないし。

でもどうして人って、自分の中で枠を付けちゃうものなんでしょう？

茂木　怖いのもあるんじゃないですか？　僕がダイアログに初めてきた時すごく怖かったもん、暗闇の中でどういう経験するんだろうって。だけどそこを超えるとすごく安心するというか、今もそうですけどすごく安らいでいるんですよね、逆に。だから不安とか怖いということがあって、本当の自分とか本当の相手を見るのがなかなかできないから、年齢とか見た目で分類しちゃったほうが楽じゃない？　でも本当はその先にいるその人本人というか、本当のその人を見たほうが恵みが大きいよということだよね。その経験がどれだけ積み重ねられるかってことなんだろうと思うんだけどね。

志村　そうでしたか。

茂木　だからね、たいてい「怖い」って思うものの向こうには真実がある感じがしますね。脳はやっぱりそうやって自分を守る脳の免疫系みたいなのがあって、「今安心した世界にいるからそこから先に行くのはやめておこう」って思うんだけど、実は行くとより深い安心とか安らぎがあったりする。ダイアログってやっぱり「裸になる」イメージがあるんですよね。世の中のいろんな方と話してると、年齢、性別、社会的な役割、組織とか肩書きとかで、がんじがらめになっちゃってる人がすごく多くて。だからそういう人にこそ、ダイアログにきていただきたいなと。そういうのを取っ払った時の安心できる感じ、楽な感じって、経験するととってもいいですよね。

志村　裸ん坊になる感じがするんですよ、みんながね。そうするといいことがいっぱいあるだろうなーって思います。

見えないことで拓かれる

茂木　こうやって話しているとだんだん深い所に降りていくっていうか。僕は村上春樹さんの小説にある「井戸に降りる」というメタファー、その喩えがすごく好きでね。よく聞かれるんですよ、「集中するってどういうことですか?」って。僕はこま切れでも、例えば1分でもなんとか集中してやるのが大事だと言っていて。みんな忙しいからと言うのだけど、やっぱり「集中の深さ」というのがあって、集中しているとだんだん、だんだん深い所に降りていくっていうかね、どんな仕事でも。だからそういう「井戸に降りる」というのがすごく好きで、このダイアログをやっているとまさに井戸に降りていく感じがあるんだよね。

志村　井戸に降りていく……（想像している）。

茂木　だんだん、だんだん深い所に降りていく感じがする。

志村　その深い所に降りていくと、なにか出会えるものがあったりとか、自分と出会えたりする時もあるんですね？

茂木　あるんだと思う。そういう深い井戸に降りていくような気づきが、もっともっと現代においては求められているような気がするから、やっぱりラジオはそういう意味で、テレビより深く降りやすい媒体だと思うし、ダイアログはまさにそう。それから、男性・女性の感じ方って変わってきたりしません？　だって見た目で男性・女性というよりは、もっとその人自身が出てくると、むしろ人間って感じになってくるでしょ。

志村　なりますねー。出会って結婚する人もいますから、暗闇の中で。お客さん同士が出会ってそして恋に落ちて、「今度結婚するのでこの暗闇で結婚式を挙げてもいいですか」という方がいらしたんですよ。

茂木　えー！（笑）　そんなことあったんですか？　親戚の人とかくるの？

志村　きますよ。友だちも。

茂木　へえー。ウエディング・イン・ザ・ダーク！　いいかも。

志村　すごく素敵で、例えば指輪を全員で回して、その質感をちゃんと触って味わって「ああ、この指輪がみんなの所をぐるっと回って相手の人に渡るんだな」とか、しみじみ感じたりします。みんな温かさを感じられるんですよ。なにかこう、モノとか形じゃなくてみんながほんとに祝ってくれているんだなとか、みんなが想ってくれているんだなってね。何人かの人たちがここで結婚式を挙げてくれたけど、そう感じました。

茂木　やっぱり絆って目に見えないものだからね。「見る」って現代文明においてはすごく大事だし伝達速度も速いんだけど、それにみんな縛られすぎちゃって疲れているところがあるから、やっぱり暗闇で癒されるのはそのせいだと思う。普段、「見る」ということに支配されちゃっているがゆえに、ダイアログにくるとそこから解放されていいなって思うし。

（アテンドに向かって）みきティは「いらっしゃい、いらっしゃい」って感じなの？　こっち（暗闇）には楽しいことがいろいろあるよって感じ？

みきティ　感覚の捉え方ということですか？

茂木　見ることに頼らないことで拓かれることがあるじゃない？　僕、ダイアログで忘れられないことがあって。みきティは高校生まで見えていたということだけど、生まれつき見えない方が二人で、「月はどういうふうなものか」ということをしゃべっていた時にすごく感動したんだよね。

みきティ　ああ……（その様子を想像している）。

茂木　月を一度も見たことない二人が、空の月って銀色でとか、いろんなことを聞いて「空の月ってこういうもんだ」と二人が想像している、その会話がすーごくよくって。「本当の月を知っているのはこの二人のほうかも」と思ったの、その時。

志村　私もそう思いましたよ。

茂木　人間の魅力もそうじゃない？　だって、いやだよね、見た目だけで好きになるとかさ。それは入り口かもしれないけど。

みきティ　そうですね。ほんとに見た目を取っ払ったその人自身っていうか、いろんな……声の温度だとか。どういうところに自分は惹かれるんだろうって、自分を知ることにもなりますよね。

茂木　みきティはどういう時に好きになるの？

みきティ　えー……。やっぱりこの人の考えとか声とかが自分の心にしっかりマッチしてるなっていう時とか。あとなんだろう、引き合っているって言うんですかね。

茂木　あ、引き合っているのがわかるんだ？

みきティ　仲良くなっているなって自分自身が心の中に感じる時に、きっとそれが好きって気持ちになって相手に向かっていくんだろうなって。

茂木　目が見える方も見えない方も、同じように好きになるの？

みきティ　見える人も見えない人も、どちらも好きになったことはあります。

茂木　デートの仕方とか違うでしょ？

みきティ　そうですね……。やっぱり見えるか見えないかっていうことに関して、見えている人は見えているビジョン的なものも入ってきたりはするんですけれど、でも自分の感じ方、お互いがいいなって思うこととか、そういう感じ方のところはきっと変わらないんだろうなって思うんですよ。

手際や効率でははかれない

志村　前に暗闇でコンサートをしたことがあったんです。その時に見える人と見えない人とどっちも交じって演奏してもらいました。で、見えない真っ暗闇のコンサートだったから当然みんな見えないのだけど、目が見える音楽家の人たちは、私服を着ていらしたの。そして、目が見えない人たちは、スーツを着てきたんです。実際、幕が上がっても降りても関係ないんですよ、真っ暗なんだから。でもその時にね「あ、すごいなー」って私思った！

茂木　いい話だね！　目が見える人は逆に暗闇の中で油断してたんだろうな。見えないんだからとか。

志村　そう、どうせ見えないから、みたいな。でもそうじゃなかったんですよね。

茂木　目が見えない方は、もともとスーツを着てても見えないんだけど、着ているという姿勢とか、身体感覚とか、それが違うということなんだろうね。

志村　そうなんですよ、きっと。だから今みきティが言ったこと、そういうことなんじゃないかなって、ふと思い出しました。

茂木　子どもの時、近所にお二人とも目の見えないご夫婦が住んでいらして、娘さんが二人いらしたんですよ。娘さんたちは目が見えるわけ。当時は僕も子どもでわかんなかったけど、今思い返すとそのご夫婦もいろいろご苦労があっただろうし、娘さん二人も大変だったと思うんだよね。子どもは生まれた時はわかんないけど、だんだん自分の親はほかの親と違って目が見えないんだって気づいていくじゃない？　でもさ、二人ともすーごく優しい子になっていったよ。

志村　わかる気がします。そのお話でいうと、目の見えないダイアログのスタッフだった二人が結婚して、子どももいるんですよ。でね、赤ちゃんが生まれて退院した日にお祝いにいったんですけど、もうすごく感動したことがあって。

　初めて赤ちゃんを育てるわけだけど、当然見えないからミルクをあげるにしても口がどこにあるかわからないの。だから哺乳瓶の乳首の部分の持っていき方がぎこちないんですよね。そうすると赤ちゃんの唇を指で触って探して、それからそおーっとミルクを入れたりとかするの。時間はかかるんですけど、でも黙って見守っていた。それからね、オムツ替えの時にうんちがついてたの。その時にどうやって替えるのかなって思って、私は手を出そうかどうか悩んだんですよ。そしたら、指でお尻を撫でたのね。私、すごく感動して。私は自分の子どもが4人いるのにこうやってオムツ替えしたことあったかなって思ったんですよ。目だけで見て、さっと拭いておしまいだったなって。子どもを4人育てても知らないことがあった。そうやって丁寧に、時間じゃないんだな、手際じゃないんだなって。自分の指先で感じているその感覚って言うのかな、あの映像は今でも美しくって温かいものが残っていて、そういう子育てをその茂木さんのご近所の方もしてたんじゃないかなと思う。

茂木　そうだね、外からしかわかんないんだけど、でも人間ってすごいなって思った。苦労はあるんだろうけど、すごいよね。乗り越えていくっていう。

志村　だから、優しくないわけがないって思うんですよ。そんなに丁寧に自分のことを扱ってもらって、育ててもらって。その私の仲間の子も、とっても素敵な子どもに育っていますよ。

茂木　やっぱり、いい人になるためにも、ダイアログに時々きたほうがいいなって感じがする（笑）。

志村　ありがとうございます。

茂木　自分の中の一番いいものが引き出されていく感じがする。

志村　ほんとですね。ダイアログにきてもらっても嬉しいし、そういう時間が普通の暮らしの中にも時々あったらいいなぁって。ちょっと丁寧に、急がなくてもいいから。

茂木健一郎（もぎ・けんいちろう）
東京都出身。脳科学者。東京大学理学部、法学部卒業後、同大大学院物理学専攻課程を修了。理化学研究所、英ケンブリッジ大学を経て現職。専門は脳科学、認知科学。クオリア（感覚の持つ質感）をキーワードとして、脳と心の関係を探求し続けている。主な著書に『脳と仮想』（小林秀雄賞受賞）、『今、ここからすべての場所へ』（桑原武夫学芸賞受賞）、『ひらめき脳』『「脳」整理法』『生きがい』など。

社会のために生きなくていい、お互いに迷惑をかけ合えばいい

東《あずま》ちづる（俳優・一般社団法人Get in touch代表）

自然豊かな子ども時代を過ごして

志村　こちらでーす！
東　はーい。季世恵さん、声くださーい。
志村　もうすぐです、もうすぐ。
東　はーい。
志村　近いです、この辺でーす！〈手を叩く〉
東　あ、きたきたきた！
志村　足音感じてきた。もうすぐだ！　声が近くなりました。手を出しています！　握手ができるかな。
東　はい、あ、握手できましたー！
志村　あー、会えたー。
東　でも暗い。自分の輪郭も見えないので、なんか不思議。
はーちゃん(アテンド)　なにかぶつかったでしょう？　ちょっと触ってみてください。
東　どこにあったかな……、あーあった！
はーちゃん　これが椅子です。そしてテーブルが前にありますね。
東　あ、あったあった。不思議ですね、前って言われてもどっち？って思っちゃう（笑）。はい、座りましたー。

はーちゃん　暗闇のバーです。メニューはですね、りんごジュース、冷たい紅茶、それから炭酸水、あと麦茶があります。
東　えっとね、炭酸水がいいです。
志村　私も炭酸水飲みたくなっちゃったな！
はーちゃん　はい、わかりましたー。
志村　暗闇の中で、こうしてお話しするのは初めてですね。
東　はい。照明を暗めにして話をすることはあるけれども、相手の目とか、目どころか輪郭もわからないで話をするって、不思議ですね。
志村　子どもの時にね、押入れの中に入って妹と話をしたりしたこと、今思い出して。
東　あー押入れ、懐かしい。
志村　懐かしいでしょー？　入ったことある？
東　あるある！　私押入れがベッドでしたもん！　実家は長屋で狭かったので、同級生がベッドっていうのがすごく羨ましくて、母に「うちもほしい！」って言ったら作ってくれたのが、押入れベッドだった（笑）。
志村　は～、お母さんすごいアイディア！　ちづるさんはどんな子どもだったんですか？
東　あのう、因島《いんのしま》っていうね、広島県の小さな島でまわりが全部海で、里山があって。気の利いた遊園地とかはないわけですよ、公園はあってもね。なので野っ原で遊んでましたよ。虫を捕ったりだとか、長めの木を拾って皮むいてそれを杖にして山登ったりだとか。今思えば宝ですね。

志村　ほんとですねー。

東　ゲームセンターなんてもちろんないし、ボウリング場が島に1軒だけあったんだけど、子どもはなかなか連れていってもらえないし。映画館も一軒あったけど、敷居が高かったし。ほんと遊ぶのはお外。

志村　私もね、隣が畑で、目の前が森みたいな小さな林っていうのか。そこで木登りしたり、畑のおじさんが裸足で畑を歩かせてくれたりして、そういう所で育ったの。東京都内だったんだけど。

東　え！　都内なのに？

志村　はい。世田谷でしたけど、当時は畑とか林も多くて、この前そこに久しぶりに行ってみたら、ものすごい住宅街になってて、畑も何もなかった。

はーちゃん　お待たせしましたー。炭酸水でございます。

東　ありがとうございます。

はーちゃん　お好みに合わせてレモンを搾ってお召し上がりください。

東　じゃあ、レモンを少し入れようかなー。

志村　あ、私もきました、ドリンク。乾杯しようかな。はい、こちらにありまーす。〈グラスを爪で突付いて鳴らす〉

東　はい、オッケー。乾杯でーす！

志村　乾杯！　いただきまーす。

東　いただきます。あ、美味しい！

志村　レモンの香りが。

東　いいですねー、美味しい。

期待される自分を演じる苦しさ

志村　自然豊かな土地で育って、ちづるさんはその後、どういう行動に移っていくんですか？

東　うーん、島はなかなか就職が難しいんですよね。自営業とか、あとは公務員以外になにをする？っていったらちょっと難しいこともあって、親と話をして、じゃあもう就職は島には帰らないということで。大企業の大阪支社に勤めて、時はバブル！

志村　うーん！

東　4年間勤めて、まだ男女共同参画社会っていう言葉もなくね、企業の中の男女の性差の理不尽を感じ、まあ辞めちゃうわけですね。で、本当にひょんな感じで芸能界に入っていったんです。

志村　ひょんな感じだったの？

東　まあ、今で言うフリーターだったんですよね。で、タレントオーディションがあって、見にいったんですよ。そしたら審査員のテレビ局とか制作会社の人たちから「この子おもろいなー」、「リポーターせえへんかー？」みたいに言われて（笑）。

志村　そして、芸能界で活躍が始まったわけですね？

東　うん。でも、世間様から見れば順風満帆に見えていたと思うけど、私の中ではめちゃめちゃ葛藤がありましたね。忙しいことがだんだん不安になっていくんですよね。その頃「お嫁さんにしたい……」っていうキャッチがついて。

志村　ね、「お嫁さんにしたいナンバー1」！

東　なんかこれ、めちゃめちゃ違和感あるよ？っていうモヤモヤ感があって、でもそれに抗うようなことをすると事務所からも叱られたり。そのうち、期待されている自分を無意識に演じていたのね。

志村　うーむ。

東　それがしんどくなってきて、あれ、私こんな人だっけ？っていうのにだんだん気づいていって。あれ、でも子どもの頃ももしかしたら期待されている自分をやっていたのかも？　長女であるとかね、一番背が高くて、顔が大人びてるとか。そんなこんなでグルグルと負のスパイラルにどんどんはまっていく、でも日々は忙しい！っていう、あの時はつらかったですねー。

志村　わかるなー。らしさを求められているってことですよね？

東　うん、うん。でも誰が求めてたんだろう？と思うと不思議。

志村　自分もそれを求められてるんだろうと思って、余計に作っていくしね。

東　そうそう。嫌われることが怖くなっていくんですよねー。

志村　人って嫌われるのってほんと怖いもんね。

東　んー、私は今は全然怖くなくなっちゃったんで（笑）。

志村　どうして、嫌われるのが怖くなくなったの？

東　本当にいろいろあって……。ある番組でね、サプライズ的なことがあったんですよ。突然一般の方がゲストとして出てきて、そこで台本だと私はびっくりして感動して、久しぶりー！って言わなきゃいけないんだけど、私はその人がわからなくて。本当は高校の同級生だったんだけど。あれー!?って思ってあとから考えたら、高校3年間の記憶がすっぽりなかったの!

志村　あー、そうでしたか。

東　で、その企画はなくなっちゃったんだけど、ちゃんと自分を振り返ってみようと思って、そこからいろいろ調べていったんですね。すると、自分は「アダルトチルドレン」(子ども時代の家族に何らかの問題や機能不全があって、子どもらしくのびのびと過ごすことができず、その結果大人になって生きづらさを感じている人)なんだってことがわかって、あー、よかったーって。

弱い人間だから、逃げている自分だから、高校3年間の記憶がないんだろうって自分を責めていたんですよ。でも、こういう名称があるんだ! 私だけじゃないんだ! 私のせいじゃないんだ!っていうところから、新しい扉が開いた。

志村　そっかー。

東　対応の仕方や対処の仕方がわかったのが、すごくよかったですね。で、私は私を救おうと思って本を読んだり勉強して、こういう私を作ったのは、母だとわかって。社会や学校の影響もあるけれど、一番の原因は母だなということで、母と対峙してカウンセリングを一緒に受けました。

志村　そのあたりから、本当の自分になっていくわけですね、ある意味で。

東　自分はもう、自分らしく生きていると思ってたんですよ。でも母がね、変わっていき始めたらそれに引っ張られて私も変わっていって、とっても楽になったんです。母も自分の母親(祖母)にやっぱり「いい子でいなさい、いい人がいいのよ。良妻賢母に」と言われて育ってがんばってきた。

無自覚なんですよね、「いい人をやろう！」とは思ってないんですよね。

志村　私も家の中ではね、役割がすごく強烈にあったから、その役目をこなすことがとっても大切だったんですよ。

東　うーん。

志村　父と母が再婚だったから、母親の違うきょうだいがいて、まあ私のきょうだいだから大切な人たちなんだけど、でも母との文化も違うし、想いも違う。でも、こっちにも良くしてあっちにも良くして、すべてを調和させようってずっと思ってて、いつもうまくやらなきゃいけないって思ってたの。だから、家庭の中で自分の役目をどう全うするかっていうのを、ずーっと考え続けてきたというか。

東　子どもってがんばってますよね！　コンパニオンしたりピエロしたりね。

志村　そうそう。私にとってはその経験が今のバースセラピストっていう仕事に移っていくんでしょうけど、だからこそ、どこでなにを学んだかって、学校よりも家庭というものが一番大きかったなって思う。でもまた大人になって、仕事もして、仲間とも出会っていって、こうやってちづるさんとも出会ったりとか。または「ダイアログ・イン・ザ・ダーク」の目を使わないスタッフとも出会ったりしながら、いろんな文化を知るとね、より深めてくれるんですよね。それぞれの考え方を紐解いていくと。どうにか調整しようとか、うまくいくようにしようとか、そういうことを静かに暗闇が溶かしてくれたり、目が見えない人が溶かしてくれたり、いろんな人たちとの出会いの中で溶けていって。出会いってすごいなーと思ったんですよね。

東　そうですねー。出会いなくしてはね、自分のことはわからないです。

人のためにある社会

志村　ちづるさんの場合は、そうやってお母さんや自分のことを少しずつ溶かしていって、やがて社会活動を始められますよね？

東　活動はその前からなんですよ。もう無我夢中だったので、気づいたら始まっていたっていうね。今思えば、居ても立ってもいられない、本当に噴火するような思いでした。白血病である17歳の少年のドキュメンタリーを見ていたんですけど、彼が泣くわけでもなく、怒るわけでもなく、とっても淡々としていたんですよ。その淡々としている姿に私は自分を重ねたんだと思うの。当時の私はすごくがんばってて、表面的には元気で明るく、悩みのない、「お嫁さんにしたい人」みたいになっちゃっていたんだけど。でも心の中ではすごく嘆いてるし、自分のことを好きでいられなくなったりだとか、自己評価が低くてね。

志村　うん。

東　そういうのがあったので、たぶんそれがリンクしたんです、彼と。

志村　そっかー。

東　本当は彼だってどうして僕がこういう病気なの？とか、怖いとか、言いたいんじゃないのかなと思って。それで、その彼を探し出して活動が始まるんですよ。難病のことを知って、患者さんたちと出会って、さらにそこから病気がもとで障がいと言われるような体になった人たちと出会い、どんどんどんどん活動が広がっていったんですよね。

志村　そうだったんですね。

東　あと、病気で親を亡くした子どもたちの就学支援も。それも、日本ってお父さんがいなくなったら進学できない人たちがいるの!?っていう。びっくりですよね。

志村　ほんとにね。

東　全部同じなんだなって、必要なことは。そこからさらにＬＧＢＴとか、いろいろなことに広がっていった感じなんです。

志村　全部ね。うん、一緒だ。ほんとにそう思います。そこに苦しんだりもがいたりしている人がいても、知らないとわからないけど、知ると踏み込めば踏み込むほど、問題というか根っこの部分について話したいと思いますよね。

東　すべての人は「なりたい私になりたいだけ」っていうか、幸せになりたいだけなんですよね。

志村　うん。

東　シンプルなことだと思う。今、行き詰まってどんどん生きづらくなっているなと思うんですよねー。社会のためにならなきゃいけないって、そう思っている人が多い怖さがある。

志村　うん。

東　それを、一生懸命社会のために生きなくていいんですよー、迷惑かけ合いましょうーってね。

志村　そう、迷惑をかけ合うのは本当に大事で。助けて、助けるよ、ってそういうことが大事なんですよね。今って、みんな失敗しちゃいけないって思ってるでしょ？　あれ、失敗していいんだよね。

東　でも、私もほんとそう思ってた。失敗してはいけない、迷惑をかけてはいけない、間違ってはいけないって、言われ続けたから。

志村　うん。
東　だからがんばんなきゃいけない！って思って、私は集団行動が苦手でしたね。あと、団体スポーツとかね。迷惑かけちゃったら、私のせいで失点して負けちゃったら、もうつらいつらいつらい、生きていけない！と思ってた。
志村　そっかー。
東　うん。でも、迷惑かけ合っていいんじゃん！って今は思っているので、「助けてー！　ＳＯＳ！」って言うのも、自分の人生に責任を持つということだなーと。
志村　ほんとにそう思う。
東　互いに迷惑をかけ合う社会が、成熟した社会だと思います。社会のために生きる、じゃなくって、人のためにある社会ですよね？　逆なんですよね、社会のためとか国のため、会社のため、家族のため……って。結局、己《こ》がないがしろにされて、孤立したり孤独を感じるっていうヘンテコなほうに行っちゃってるんですよね。
志村　本当は「人がいるから社会がある」んですよね。しかもその中にいろんな人がいるじゃないですか。そういういろんな人たちが感じられる……。
東　そうなんですよね。「私はあなたと違う、あなたは私と違う」っていう当然のことなんだけどね。

手放すとまた次が見えてくる

東　私が初めてダイアログを経験したのは、こういう常設じゃなくって。

志村　あ、ドイツ展の時。広尾の旧自治大学でドイツ展をやったんですよね。
東　いやぁ、感動でしたね。あの時の初めて裸足で枯葉を踏んだ感触、あれずっと覚えてるの。
志村　あー、ほんとに？
東　うん！
志村　足の裏の記憶ってあるんですよね。普段は足の裏が記憶しているなんて思いもしないんだけど。
東　そう。子どもの時に砂浜の砂を踏んだとか、その記憶はあるんだけど、やっぱり同時に視覚の記憶もついてくるわけよ、しっかりと。そうじゃなくて足の裏の感覚だけっていうね、あれはすごい衝撃だったなー。
志村　そうでしたか。
東　今生きてる人たちには経験してほしいっていうか、経験したほうがいい。びっくりするぐらい気づきますもんね、自分の可能性に。
志村　最初はキャーとかワーとか言うんだけど、女性のほうが早く慣れますよね。
東　そうそう。
志村　男性はね、どこかは見えるだろうと思って、諦めずに一生懸命目をこらして見ようとして。で、ちょっと女性のほうがリードしていくんだけど。
東・志村　（笑）
志村　でも、諦めることができると、目以外の感覚が開いてくるんです。
東　そう。諦めるって大事なんですよね。諦めると解放されるんですよね。

志村　そう！　そこに何かヒントがありますよね。
東　一回諦めると、諦めることができるから「そこまでがんばろう！」と思えるようになるし（笑）。
志村　それって、別に投げ出すんじゃないんだけど、いい意味で手放すと次が見えるっていうのか。
東　そうなんですよ！
志村　それは自由になるのと似ているのかな？
東　そうなんですよねー。ほんと、この体験をしてほしい。
志村　リスナーの方は、眠らないで夜中にラジオを聴いてくださっているのですが、「明日、がんばろう！」って思う人と、なんかこう、「うーん……」って思う人とどっちもいると思うんです。それはどっちであってもいいと思うんだけどね、それぞれ大事だから。でもなにか、ちづるさんにとって「あー、明日つらいなー」と思う時とか、「はあ……」とため息が出ちゃう時に、大切なヒントとかありますか？
東　えっとね、呪文があって、「ほとんどのことはどうでもいい」って言うんです（笑）。
志村・東　ふふふ！
東　本当に言うんです。なにかが起こった時に、「ほとんどのことはどうでもいい」。これは宇宙視点なんですよ、宇宙に行ったことないけど（笑）。宇宙視点で言うと、私たちの人生ってほんとに100年も生きられないんだから、「ほとんどのことはどうでもいい」って、「そりゃいろいろあるよ」って。「だから生きていけるよ」って思うと、わりと私は楽になれる。
志村　……それ、すごい呪文ですね。
東　うん。

志村　宇宙の呪文みたいな。

東　そうなんです。その無責任な感じの呪文をとなえると、逆にね、ムクムクと自分の人生の責任感が湧いてくるんです（笑）。

志村　あっ、そこで自分の人生の責任感が出てくるのか！

東　そうです、「自分の人生！」っていう。

志村　誰かのじゃなくて、自分の人生。

東　そう。自分の人生を大切にできるようになると、ほかの人の人生もめっちゃ大切！って思えるようになってきましたね。

志村　ほんとにそうですよー。まず自分が、そして、まわりの人がというふうになってくるんですもんねー。

東　はい。

志村　はー、いいですねー。この呪文は私たちみんなが大切にしたほうがいいな！

東ちづる（あずま・ちづる）

広島県出身。俳優。一般社団法人Ｇｅｔ ｉｎ ｔｏｕｃｈ代表。会社員生活を経て芸能界へ。骨髄バンクや障がい者アートなどのボランティアを長年続けている。アートや音楽、映像、舞台などを通じて、誰も排除しない、誰もが自分らしく生きられる〝まぜこぜの社会〟を目指す、一般社団法人「Ｇｅｔ ｉｎ ｔｏｕｃｈ」を設立。著書に、『〈私〉はなぜカウンセリングを受けたのか～「いい人、やめた！」母と娘の挑戦』（共著）、『らいふ』など多数。

暗闇を経験することは、新しいものを生み出す力になる

田中利典《たなかりてん》（修験僧）

ご神木への信仰から始まった桜の名所

たえ（アテンド）　ようこそ、暗闇へお越しくださいました。

田中　ありがとうございます。

たえ　こちらではお飲み物をお出しします。温かいお飲み物が、コクの深いコーヒー、そして、香り高いお紅茶。冷たいお飲み物が、シュワッと口に広がる炭酸水、そしてフレッシュな１００％のみかんジュース。それから、よく冷えたビールがございます。

田中　ビール、飲んでいいんですか？

志村　いいんですー！

田中　なかなかね、このシチュエーションでビールを飲めるっていうのはないと思うので（笑）。

志村　いいですね（笑）、泡もきっと違って感じるかもしれませんね。

田中　ほんっとに何も見えないですね。

志村　見えないですね。利典さんは、こういう真っ暗な中は落ち着くものですか？　それとも……。

田中　僕ね、子どもの頃から寒い所と暗い所があまり好きじゃなかったので。

志村　あ、そうでしたか。

田中　はい、少し不安感はありますよね。

たえ　ビールをお持ちしたんですが、こちらでお注ぎさせていただいてもよろしいですか？

田中　あ、注いでくれはるんですか？　へ〜！

たえ　はい。ではグラスを置きます。

〈ビールの缶を開ける音〉

〈ビールをグラスに注ぐ音〉

田中　……あ、いい音がしますね（笑）。
志村　はい、本当にいい音ですね～。
田中　ささやかに乾杯をするにはどうしたらいいのかな？
志村　あのね、ここに私のグラスがあります。〈グラスの音をさせる〉
田中　どこですか？
志村　ここに……。〈もう一度グラスの音をさせる〉音、しますか？
田中　音、します。
志村　利典さんのグラスはどの辺でしょう？
田中　ここに。〈グラスの音をさせる〉
志村　はい。じゃあ乾杯してみます！　……はい、乾杯。
田中　乾杯。あ、できましたね。
志村　できたー。いただきまーす。

田中　いただきまーす。

志村　ビールの香り……。

田中　美味しいですね。いやあ、美味しい！

志村　ふふふ。いいですね、ほんとに。あのう、利典さんは普段は奈良の……。

田中　そうなんです、60歳ぐらいまではずっと奈良でした。奈良の奥にある吉野の金峯山寺《きんぷせんじ》という修験道《しゅげんどう》の総本山にいたんですが、もともと京都府下の綾部という片田舎に父が建てたお寺があって、父が亡くなって13年間放ってあったので、還暦をきっかけに戻りました。吉野にもしょっちゅう行くのですけど、今の普段の生活は京都の綾部です。

志村　金峯山寺、私も時々お参りにいかせていただいているんですけれども、吉野の桜の時はほんとにすごいですね！

田中　吉野山の歴史のキーワードとして、「修験道」という極めて日本的な信仰の「根本道場」という位置がありましてね。これは役行者《えんのぎょうじゃ》という修験道の開祖がお寺をお開きになった時に、金剛蔵《こんごうざ》王権現《おうごんげん》という日本独特のご本尊を祈り出されます。このご本尊を自分が修行していた大峯山という山の頂上と、そのふもとの吉野山の両方にお祀りされたんです。これが金峯山寺というお寺の始まりというんですが。

志村　はい。

田中　そのお祀りをされる時に、蔵王権現を山桜の木に刻んだというところから、山桜は「蔵王権現のご神木」という信仰が始まりました。そして千年以上にわたって吉野山ではご神木として人々が桜を育て、あるいは訪れる人たちが寄進をして山を埋め、谷を埋め、吉野は日本一の桜の名所になっていくんですね。

志村　う〜〜〜ん！（想像して感嘆）　桜の時も綺麗ですけど、葉桜になって緑が広がっていく時もほんとに美しくて。

田中　5月半ばぐらいですかね、ほんとに青々とした香りというか匂いというか、全山を包み込むような、ものすごくいい瞬間が新緑の頃にあります。

　私は一番この時期が好きなんです。吉野の新緑の頃がいいのは、その新緑とか風もいいんですが、4月の花見の時期にすごい数の人が来ているんですよ。その時、いろんな気というか、心というか、いろんなものがあの山の中には落とされていって……。

志村　なるほど。

田中　それが新緑の頃になると、「浄化」されていくようなね。人がたくさん集まったあとの静けさと、「浄化」が起こっているみたいな。そういうものがこの時期はあるような気がするんです。

志村　わかる気がします。

田中　桜の時分はね、人の欲とかいろんなものがうごめいている感じ！

志村　あははは〜！　そうですか（笑）。見えないけれども欲はちゃんとこう、感じるものですか。

田中　うん、感じるものがありますね。見えないということもそういう意味では、ある種の浄化が起こっている部分もありますよね。

志村　そうかもしれません。

見えない中で繋がりを取り戻す

田中　仏教ではね、暗闇というのは無明《むみょう》といって、我々がいわゆる煩悩や悪業に苦しんでいる、それのもとは無明から始まっているという考えがあって。良くないというか、人間が不完全で、いろんなものに悩んでいる象徴が暗闇なんですね。

志村　はい。

田中　で、密教では灌頂会《かんじょうえ》という儀式があるんですが、その修行会の中では暗闇をすごく大事にして、目隠しをして道場に入れて、目隠しを取った時に仏様の世界へ連れていくということをする。暗闇という煩悩を超えて仏の世界があるということを、儀礼的に体験させるんです。

志村　それが灌頂会というものなんですね。

田中　そうです。で、山伏の世界にはもう一つ、暗闇を体験させる儀礼で非常におもしろいものがあります。これは吉野から大峯山山上ヶ岳、あるいは熊野まで修行する奥駈《おくがけ》修行とかの行程の一番最初に行う修行なんですが、吉野の奥に奥千本という場所があって、ここに鎌倉時代に源義経が籠ったという「義経の隠れ塔」というのがあります。そこで初めて修行に来た人たちだけが修行をする行法があるんです。

志村　はい。

田中　狭いお堂なんですが、そこへ10人とか15人とかを入れましてね。扉を閉めますと、真っ暗闇になるんですね。

志村　お〜〜。
田中　真っ暗になった中を、先達《せんだつ》が「吉野なる深山の奥の隠れ塔本来空のすみかなりけり」という歌詠みをしながら、皆さん、前の人の背中を触りつつお堂の中をぐるぐると何度か回るんです。で、いきなり、真ん中にある半鐘《はんしょう》を打ち鳴らすんですね。そうすると、真っ暗な中を無我夢中で歌詠みしながら回っている人はびっくりするわけですよ。
志村　そうですよね！
田中　いわゆる「気を抜く」んで、気抜《けぬ》けの塔とも言うんですが。
志村　へえ！
田中　そういう行儀をすることによって、これから修行していく人たちの気が一旦リセットされて、いよいよ行に入っていく。まさに暗闇という無明の煩悩が、打ち鳴らされる鐘で一度消滅して生まれ変わって出ていくみたいな、そういう作法があるんです。だから修行の中で、暗闇って昔から使われてきた気がするんですよね。
志村　それって、日本オリジナルの修行なんですかね？
田中　灌頂会は、インド・中国から渡ってきた行法ですが、その山伏の気抜けの塔、隠れ塔の修行は、大変日本的なものなのかもしれませんね。仏教の中では暗闇に様々な意味を実は持たせていて、暗闇を経験することで新しいものを生み出していく力があることを、知っていたのではないかとも思いますね。
志村　私たち人類は光を灯すことを文明としても大切にしてきて、いかに明るくするのが大事かとなって。まあ今は眩しすぎますけど。

田中　そうですね、眩しすぎますよね。

志村　なので、時には暗闇の中に入って、とてもシンプルになって、なにが一番大切なのかというようなことを感じるのはいいなって思ったりします。利典さんはよく、「今ここにいるっていうことがとても大事だ」とおっしゃっていますよね。未来に思いを馳せて不安になったり、過去のことばかりにとらわれてしまって、くよくよしてしまったり。で、今ここに存在することを忘れがちというか、思いが至らないみたいなことを。「ダイアログ・イン・ザ・ダーク」は世界47カ国でやってるんですけれども、共通で必ず皆さんがおっしゃる言葉があるんだそうなんです。

田中　はい。

志村　それは、「I'm here」って言うんですって。

田中　あ〜〜。

志村　「私は今ここにいます」、「あなたはどこにいますか？」って。利典さんがおっしゃっている「今ここ」っていうのと共通しているのかなってよく思う時があるんですが。

田中　うん、「いまなかのいま」という言葉があるんですけど。過去があって、今があって、未来がある。その過去と未来の真ん中に「いまなかのいま」がある。

志村　はい。

田中　いまなかのいまはすぐ過去になるし、いまなかのいまが未来へ繋がる今であるし。そういうふうに今の自分を捉えるというのは大事だっていうこと。で、その繋がりに真実がある。例えば「夫婦」という言葉がありますが、これは「主人」とか「奥さん」に真実があるんじゃなくて「夫婦」という繋がりが夫婦という真実である。「親子」というのも「親」と「子」どちらかに真実があるのかじゃなくて、「親子」という関係性が真実である。それは、生きているものは全部そうで、繋がりの中に真実があって、自分の側とか、向こう側とかにはないわけなんですよね。それは過去や未来に対してもそうで、過去と繋がっている自分、未来とも繋がっている自分。で、いまなかのいま。これはご先祖との繋がり、それから自然や社会との繋がり、それを確認するのがいまなかの〝今ここにいる〟ということなんです。その繋がりの中にこそ真実があるので、自我とか我執とか自分の側にとらわれすぎると逆に、いまなかのいま、「今ここに私がいる」ということがわからなくなってしまうような、そんな気がするんです。

志村　あぁ、ほんとにそうですね。すべての繋がりの中で今があるんですものね。

田中　人間っていうのは、生まれてから歩くまで1年ぐらいかかるんですよね。自分でおっぱいも飲めないんですよね、飲まさないと。人の手を掛けないと大きくなれないわけで、もう圧倒的にほかの動物と比べて手が掛かって、そんな繋がりの中でようやく成長していく。ですからその繋がりがたくさんある中で、繋がって今自分がここにあるということも、きちんと捉えるということが大事なんだという気がしますね。

志村　ほんとですね。

田中　暗闇が怖いという本質はね、さっき「繋がりに人生の本質がある」と言ったように、見えているから繋がりがわかるじゃないですか。つまり見えないということは、繋がりが消えていく怖さなんだと思うんですよね。

志村　うーん、なるほど。

田中　見えていると、いろんなものが繋がりの中にあって自分があるということも自覚できますけれども、こうやって真っ暗になってしまうと、誰もいない所で一人ここに何時間もいるともう、不安になってしまいますよね。

志村　ダイアログはドイツで生まれたのです。今では47カ国で展開されていますけれども、必ずグローバルなお約束事があって、ダイアログの暗闇は個人では入らない、チームで入ること。

田中　なるほど。

志村　大体8人で1チームとなり体験するのです。ですから必ず一人では入らない。不安を感じる中で助け合うこと。協力し合うこと。人がいるという温かさをしみじみ感じられるのです。するとあらためて人との繋がり、絆がわかるからなんですよね。

田中　うんうん。

志村　今って目が見えていても、人よりスマホとかで……。

田中　そうですよね、みんなスマホと繋がっているだけで、目の前の人たちと繋がっていないですよね。

志村　いつも下を向いているとか、街を歩いていても、まわりの状況がわからない。普段は見えているようで見えていないんですけど、暗闇の中だと相手を見ようとするので、その人のことを、一生懸命感じようとするんですよね。で、例えば背中を触ると、服がふわふわなのかザラザラなのかという質感もわかってきて、なにか目じゃないもので一生懸命判断したり、相手を理解しようとする。私はよく暗闇で迷子になるんですけど、今日案内してくれたアテンドのたえちゃんは迷子の足音までわかるそうで、助けに来てくれるんですね。そうすると、一人ぼっちであるかもしれない暗闇が、一つの繋がりがわかってくると、人の大切さが思い出せたり……。

田中　うん。

志村　暗闇がすごく、ポジティブに変換されていくというか。そしてこのように見えない中だと相手の声を本気で聞こうとするので、聞きもらしがないんですよね。

田中　声だけが頼りですからね。

志村　そうすると、孤独で恐怖だった暗闇が、平和利用されていくというか。すごくポジティブな、見えないけど明るい暗闇に変わっていく。

田中　うん。

志村　発案者のハイネッケは、お父さんがドイツ人でお母さんがユダヤ人でした。ものすごく文化の大きな違いで争いがあって、どうしたら人が違いを認め合えて、対話ができて、平和が築けるのかと考えた時にこのダイアログを考案したんです。なので、利典さんのおっしゃっていただいたような、人と繋がっていくというようなことを、また別の形でやってるのかな、と思っています。

田中　あー、そうですね。繋がりが真実であるという言葉があっても、なかなかそれって実感しにくいじゃないですか。このダイアログの世界で繋がっていく、それを体験する中で、もしかしたら自分の中で新しいものを生む力になるかもしれませんね。

ハイブリッドな文化と多様性のある国

志村　今の時代に私たちになにが必要なのか。繋がりをもう一回感じたり、取り戻すことが大切なんじゃないかということを今日のお話で教わった気がしています。

田中　日本の文化というのはね、常にハイブリッド、混合なんですよね。縄文時代、弥生時代からもうずーっと、縄魂弥才といわれるような、明治になると和魂洋才……。いろんなものを混ぜこぜにして、もともと持っていた原始的なものを変えずに、外来のものもうまく利用してきた。そして、これが日本の文化となり、いろんな基礎の所にあたっているという。

志村　はい。

田中　「神仏習合」という言葉があるんですが、6世紀に仏教が伝わってきて、それ以前の日本には神信仰があったわけですけども、この神と仏が融合して、もちろん教科書で蘇我氏と物部氏の争いがあって崇仏派と廃仏派で戦ったと習いますけども、そこから1300年間神様と仏様は仲良くしてきたわけです。

志村　はい、そうですよね。

田中　仏教を父に、神道を母に、ハイブリッドなものを生み出してきたんですね。そういう文化はこれからも日本を支え続けていくし、私たちのこの風土が育んだ中には常にハイブリッドに、しかも新しいものを生み出し続ける力があるので、そういう日本が持ってきた文化というものをもう少し大事に思っていくと、この先どうなるかわからない時代も、生き抜けるのではないかと思いますね。

志村　うん、日本人のDNAなら、もしかしたらできるかもしれないってことですね。

田中　常にハイブリッドで、そしてグローカル。グローバルなものとローカルなものが融合してグローカルな文化を生んできた。日本って雑多な文化であるとかいろいろ言われるけれど、そこに日本の個性というか、この日本列島でないと生み出し得なかったような文化があるような気がします。

志村　そういうふうな日本人の力、たくましさ、あと知恵。今ダイバーシティって言われていますけど、日本って実は、もともとダイバーシティそのものの国だったんじゃないかって私は思うんです。八百万《やおよろず》の神様があんなにいっぱいいらっしゃって。

田中　そう。もう、全部神様になりますからね。モノ信仰、アニミズムとも言うそうですが。そこに聖なるもの、自分を超えたものを見出す文化というのは、これからも残り続けていくでしょうし、そこにまた新しい文化を生み出す力が備わっていると思います。

志村　今日のお話に、なにか明るいものを感じた方もいらっしゃると思うんです。

田中　いや、そう思わないとね。人間っていうのはなんでもそうですが、やろうと思うことがすごく大事なんですよね。

志村　はい。

田中　僕はユネスコの「紀伊山地の霊場と参詣道」という世界遺産登録の道を開いたんですけど、あれも金峯山寺を世界遺産登録しよう！と僕が思ったから、それを思うことで誰かに出会うんですよね。出会った人が、いろんな所に連れていってくれるんです。そのためには〝思う〟ことが大事で、ＡＩ社会が到来してこの先どうなるかわからへんけれども「これは良い社会になるんだ！」って思うことによって、実現するためにきっと誰かに出会うはずですから。そうすると、明るい未来が繋がっていく。楽観的に見えますけど、思いを持つことって、大事だなあと思います。

志村　その思いが行動を起こすんですものね。

田中　で、大きな目で見ると、その思いを持つということも神様仏様の大きな掌の中でのことで、与えられた使命としてやらせていただいているみたいな。自分がやっていることをそういうところまで広げると、けっこう幸せになるんです。まあ人間っていうのは、すぐめげますから。

志村　はい。

田中　でも、めげても常にそういう大きな繋がりで「今ここにいさせていただいている」ということを、思い続けることが大事なのかもしれませんね。

志村　利典さんからリスナーの皆さんに、朝目を覚ました時に、こういうふうな自分でいられたらっていうようなメッセージはありませんか。

田中　どういう状況や状態であれ、今ここに生きている自分を、受け入れる。その意味を自分で作る。人間が例えば男で生まれてきた、女で生まれてきた、いろんな形で生まれてきたというのを「偶然」と思うと、世の中というのは見えてこないんですね。全部、自分で「必然」と自分の中で受け止めると、次に進める力になっていくので。まあ、今不幸であったとしても、それは次に向かっての必然だと思ったほうがいいのです。過去には戻れませんから。

志村　はい。

田中　生きている限り未来はあります。生かしていただいている限りは常に可能性が未来には導かれているわけですから。そういう自分を受け入れて、今の自分があることとの必然に思いを致すことが、大きな力を生んでいくように思いますね。

志村　ほんとにその通りですね！

田中　いえいえ、あのう、言うてるほど自分でしっかり生きているわけではないんで……しょっちゅうへこたれるんですけどね。

志村　ふふふ(笑)、それは人間ですから。というかそのお言葉が逆に心強いです。誰もがそうなんだ、常に常に前を向いて歩いている人がいるのではなくって、へこたれたりとかしながらもそれをまた超えていくんだっていうことがわかるほうが、今私の心には響いています。

田中　まあへこたれる時はもう、へこたれたほうがいいかもしれませんね。

志村　ほんとですね。

田中　いずれまた、元気になりますからね。

田中利典（たなか・りてん）

京都府出身。２００１年、金峯山修験本宗宗務総長と、金峯山寺執行長に就任。現在は金峯山寺長臈、種智院大学客員教授、京都府綾部市の林南院住職を務める。著書に『吉野薫風抄』『よく生き、よく死ぬための仏教入門』『体を使って心をおさめる　修験道入門』など。

見えているから、わかっているつもりになってしまいがち

別所哲也《べっしょてつや》（俳優）

自分との違いを考えてみる仕事

別所　あ……前に何かある……!?〈何かに触る音〉
ハチ（アテンド）　そう！　前にテーブルがあるんです。手を伸ばして、そーっと手の甲で触っていただいて……。
別所　テーブルじゃないよ、これなんか……。
ハチ　マイクかな？
志村　あー、マイク！　マイクを触ってるの？
別所　マイクがありました、目の前に！
ハチ　はい！　それではあらためまして、ようこそ暗闇のバーへいらっしゃいました！　お飲み物のメニューはまず、炭酸水。シュワシュワと音がいいので、音も楽しんでいただきたいと思います。そして、ビール。これも音を楽しんでいただけますね。そして、ワイン。あと温かいものは、コーヒーと紅茶を用意しております。
別所　僕は炭酸水！
志村　炭酸水で乾杯しようかな。
ハチ　はい、お持ちしますのでもう少々お待ちください。
別所　ほんっとに何も見えないですね……。
志村　こんな真っ暗な中に、入ったことってありますか？

別所　いや～ないですね。だって、生活をしていたら薄暗かったり何か光があったりしますよね。

志村　しますよね。電気を消したって外の明かりが見えてくるし。

別所　そうそう。こんなに真っ暗闇っていうのは……初めての体験ですね～。

ハチ　お待たせしました。てっちゃんにグラスを触っていただきましょう。はい、手を失礼しますね。こちらグラスでーす。

別所　ちょっとくびれた感じの、ワイングラスのような。

ハチ　はい、そうですね、よくおわかりに。

別所　ゴブレットですね。

ハチ　はい！　ではこちらに注がせていただきますね。

〈炭酸水を注ぐ音〉

ハチ　はい、どうぞ～！

別所　ありがとうございます。いい音！

ハチ　お待たせいたしました！　では、どうぞ。乾杯なさってください。

志村　乾杯できるかな？　私、ここにグラスがありまーす！〈グラスの音を鳴らす〉

別所　ここにあります。〈グラスの音を鳴らす〉

志村　……あ、いけるかな。じゃあ、かんぱ～い！

別所　かんぱ～い！

〈グラスが当たる音〉

志村・別所　いただきまーす。
志村　美味しいですね～。
別所　見えないからなかなか大変な作業だと思うんですけど……、ねえ？
ハチ　はい。手の感覚と音の感覚を使って。
別所　へぇ～～～！
ハチ　あと重さも。
別所　はぁ～。よくこぼさずにね！　そうか、重さでその量を……。
ハチ　はい。
志村　ハチは、お料理もするもんね？
ハチ　そうなんです。お肉とか焼けると匂いが変わってくるので。
別所　なるほどね！
志村　そっか、香ばしい匂いだったりとか？
別所　そろそろいい焼き具合だみたいな。
ハチ　はい！
志村　音も激しくなるもんね。
ハチ　はい。

志村　こういうね、暗闇の中で五感にまつわる話ってとても素敵だなって思って今聞いていたんですけど、てっちゃんはいつもどういう感覚を大切に感じながら、お仕事されているんですか？

別所　うーん、そうですね。仕事柄、俳優という仕事はいろんな感覚を使う仕事でもありますよね。やっぱり人物を作っていくことなので、俳優として役柄を。積極的に、その人が自分とは何が違って何を感じるんだろうかとか、なぜこの人はこの時こういう感じ方をして、こういう発言をするんだろうかとか、役柄で考えることは人より多いかもしれませんね。

志村　いいですね〜。

別所　でも、皆さんもそうでしょうけど、例えば小説を読んだり、映画の主人公や人物たちを見てるうちに感情移入して、その人たちの感覚になる時って当然あるじゃないですか。

志村　はい、ありますね！

別所　それにしても、こうやって何も見えないと、もっと聞こうとするというか、耳の中に入ってくる音とか、さっき飲んだ炭酸水とか、またちょっと違いますよね。

志村　違いますよね〜。今日はいろいろなことをこれからお聞きしたいなと思っているんですけど、「てっちゃん」って呼んでいていいですか？

別所　いいですよー、てっちゃんで！

志村　はい、ありがとうございます！　感覚の話をもう少しだけ聞いてみたいんですけど、てっちゃんの原風景ってどんなものですか？

別所　僕は、生まれは静岡なので、自分の生まれ育った海も川も山もそんなに遠くない所にあって、でもリゾート地っていうような大自然のある場所ではなくて、普通に街があって……。田んぼもあって、田園風景で、6月ぐらいはカエルがよく鳴いていたな〜とか。あと茶畑もそんなにすぐ近くにはないですけど、やっぱり緑が広がっている風景かな。

志村　カエルの合唱の音大好きなんですよ、私。

別所　夏はホタルとかね！　ホタルがいたり、セミもね。それから夜の街灯にクワガタとかカブトムシとかきて、捕りにいったりとか。

志村　自然が多くて、いいですね〜。

別所　秋になると鈴虫が鳴いて。だから、いろんな音が、虫の音とか自然の音がいっぱいあったかな、今にして考えたら。

近づいて、重ねて、初めて知ること

志村　東京に出ていらしたのはいつなんですか？

別所　東京に出てきたのは大学入学の時で、人生で初めての一人暮らしを。といっても最初は大学の学生寮みたいな所に入ったので完全な一人ではないですけど。

志村　そして、役者さんを目指されたんですか？　その頃からもう。

別所　いや〜、もともと俳優、役者になろうと思ったわけじゃなくて、英語ぐらいしゃべれなきゃ仕事できないだろうな〜これからの時代は、と思って大学の英語劇のサークルに入りまして。

志村　はい。

別所　中学・高校は6年間バレーボールをやっていたので、体を動かすことはやめたくないなーと思って、でもバリバリの体育会系に入るのもちょっとな……と思って（笑）。ちょうどその英語劇のサークルは、腹筋とかジョギングとかのトレーニングもやっていて。英語も別に図書館で勉強するっていうんじゃなくて、生きた英語っていうんですかね、それまで受験英語しかやっていなかったのでテクニックみたいなことばっかりだったんですけど、あ～人と人が繋がるために言葉があるんだなっていうのをあらためて感じられて。お芝居をすると、なんていうか……今の自分と違う自分になれるじゃないですか。

志村　そうですよね。

別所　それが、昔の変身願望というか、仮面ライダーとかガッチャマンとか、何かになる、変わる、今の自分ではない自分になれる、不思議な感覚。実際俳優になって、ウルトラマンになったり、それからゴジラの中でトレジャーハンターになったり、いろんな役柄をやれているわけですけど、それが楽しくて楽しくて。舞台でも『レ・ミゼラブル』とか『ミス・サイゴン』とか、名作の中で自分とは全く違う人生を歩むような人たちを。しかも国籍も違うわけです、翻訳劇の場合は。

志村　ええ、ええ（思い切りうなずく）。

別所　だから、カルチャーとか歴史も感じるけど、日本人だからとかフランス人だからとか、ベトナムに生まれ落ちたフランス人との間に生まれた子どもだからとかって、演じていてそこにこだわるともっと本質的なこと……持っているコンプレックスとか、持っているその喜びとか、共通の所をいっぱい探そうとするようにはなりますよね。

志村　あー、なるほど。どんな人にもあるような共通のこととか。

別所　そうそう！

志村　または社会的な背景であったりとか、そういうことも全部考えられるわけですもんね、きっと。

別所　そう。やっぱり人間って人に優しくされたら優しさで返したいと思うし。つらく当たられたら、どうしてだろう？って思ったりするのは当たり前じゃないですか。

志村　そうですよね。

別所　どんなに自分がこうありたいと思っても、やっぱり人間って相手がいたり、まあ俳優の仕事もそうですけど、自分でこうやって演じるんだって決めても、相手や、演じる仲間たちとのキャッチボールだから。

志村　あの……、人と出会う時って、自分と他者が向き合う形で人と人が出会うと思うんですけど、演じるとなると横並びになるというか、私のイメージだと。その人のようになるということってあるのかなって思って。例えば、この「ダイアログ・イン・ザ・ダーク」に皆さんいらっしゃると、今までは目が見えない人ってすごく苦労していて不自由で大変なんだろうと思っていた方もやっぱり大勢いるんだけれども、ここに入ると、それが随分変わっていって。

別所　いや、全然逆ですよ！　もう、頼りに頼って（笑）。

志村　そうですよね〜！

別所　僕にしてみたら、すごいなーと思って。この、何も見えない空間を、平気で縦横無尽に動けるって、どういうことだろう？って。

志村　でもおっしゃっていたことが、てっちゃんの、その人になってみるみたいな、近寄ってみるみたいな、そういうのと似てるのかなとふと思ったんですよね。
別所　確かに。
志村　知らない世界に入れる、そうするとそれを知れるって、いいな〜っと思ってお聞きしていました。でもその中で、悩んだりすることとかありますか？
別所　それはありますよ、日々その連続ですよ！　皆さんもそうじゃないんですかね？
志村　うんうん！
別所　基本、僕はポジティブシンカーっていうか、前向きに今起きていることは、きっと次への何かだとか、これでラッキー！と思えるようなキャラなんですけど、やっぱりそれでもね、毎日の中でいろんなことがあればへコんだりとか。お芝居やっててもなんでうまく台詞覚えられないんだろうとか、なんでこれうまく演じられないんだろうっていうこともありますし。
　僕は朝のラジオ番組（「J-WAVE TOKYO MORNING RADIO」）をずーっとやらせていただいているので、毎日みんなと明るく朝を迎えて元気にいこうと思うんだけど、やっぱり前の日の疲れが残っていたり、それから自分自身の気持ちがなんとなく立ち上がってこなかったりとか、リスナーの皆さんは見えていない分、電波で声だけ聴いて敏感に感じ取っていると思いますけどね。
志村　そっか（共感している）。
別所　はい。でも、最近はそれも伝わっちゃっていいかなって思ったり。
志村　それも大事ですよね。

別所　そうそう、そこを無理するより、今日はなんかちょっと調子悪いな〜とか、疲れてるな〜とか、そこはもう隠さないっていうと語弊があるけど、だからといってそれを別にあえて言うこともないんですけど、今日の自分を、いつも素直にそこに置いておけばいいかなって。

志村　そうするとなんかいいですね、素直な感じで！

別所　だからね、けっこう真逆なんですよ。お芝居をする時っていうのは、何かを演じるために何かを一生懸命作ってキャッチボールするじゃないですか。でもラジオの朝の番組はもう、別所哲也そのもの！（笑）

志村　てっちゃんそのものなんですね。

別所　まあ、皆さん人間だから、いろんな自分がいるじゃないですか。僕は娘の前では父親であり、妻の前では夫であり、仕事仲間の間では、映画祭やっているとリーダーだったり、マネージャーの前では俳優であったり。だから実はリアルにもいろんな自分を、まあ演じているというか、いろんな役割があるから。

志村　そうですね。そう思うと人っていろんな自分を持って、生きてるんですよね。

別所　それって素敵な素晴らしいことですよ。いっぱいいろんなことがあるって。

日常の中で自分自身を繋ぎ直す

別所　正直、僕ね、暗闇って一番怖いんですよ、実は……。寝る時も、ちょっと明かりをつけてないと眠れない人なんです。

志村　最初ちょっと緊張している感じしてたもんね？

別所　でしょ!?　だから、心臓バクバクしちゃったらどうしようとか、パニックになったらどうしようとか思っていたんですけど、なんかめっちゃ穏やかな気分になっていますよ、今！

志村　よかった〜！

別所　一人じゃないからかもしれないけど。こうやってずっとお話ししているし。

志村　何か考えたりもするしね。でもいつもよりも静かで。さっき、最初にお聞きした静岡の風景が、自然と見えていたんですよ。

別所　あ〜！

志村　セミが鳴いてるんだな〜とか、お茶畑なんだな〜とか、ホタルが見えるんだ〜とかっていうことをすごく感じて、てっちゃんの声から風景が見えたんだけど。見えていないのに、てっちゃんの声を通していろんなことを私はより感じやすくなったというか。

　けれど大人になって走り回っていると、今ここにいる自分と、頭で考えてる自分がちょっと乖離しちゃったりとかするじゃないですか。忙しかったりすると。

別所　うーん。

志村　でも、暗闇の中ではそれが重なっていくんですよね。そして子どもの時の感覚と今いる自分も重なっていくんですよねー。それが乖離しすぎちゃうと頭の中がいっぱいになって、自分はだいぶ疲れているなと思うようになるんだけど、そんな時は一回自分に立ち返って、例えばお風呂に入った時に気持ちいいな〜って思ったり、ご飯食べて美味しいって思ったり。スマホを見ながら、仕事しながらとかじゃなくてね。炭酸水を飲んで、わー炭酸水だー！って感じるみたいな、そういうことがマッチしてくるっていうのが、やっぱりいいですよね。

別所　本当に大事だと思う。やっぱり、普段は見えているから、見ているつもりになっちゃってるというか。それは家族もそうだし仕事もそうだし、まあ仲間もそうだし、世の中に対しても、わかってるっていうつもりになっちゃいがちじゃないですか、見えているから！

志村　確かにそうですね。

別所　ご飯を食べている時も、食べているものをちゃんと見ずにケータイ見ながら食べていたりすると、なんで今これ食べてるんだっけ？っていう感じ（笑）、ありますよね〜。パソコン見ながら食べたり。

志村　そうそう。だからたまにはね、あってもいいかなと思うの。今日は丁寧に体洗ってみようとか、ちゃんと湯舟に浸かって気持ちいいって感じてみようとか、ね！

別所　うん。

志村　「いってきます！」ってちゃんと相手の顔を見て言ってみようとか。「いってらっしゃい」も。

別所　そうですね〜。

志村　さっきおっしゃっていたように、おはよう！って言っていてもちょっと元気のない自分を見せてもＯＫだとか、そういうふうに思える自分っていうのが、本当はいいんじゃないかな。

別所　そうですね、本当にそうありたいというところもあるし、そういう自分であろうとしているところもあるし。だってもう、疲れちゃうしね、そうじゃないと。

志村　うん。

別所　だからありのままの自分であろうっていうのはあるんですけど、そう思っていたって人間って何かを気にしながら生きているに決まってるし。
志村　うん、そうですね。この番組を聴いてくださっている皆さんにね、明日こういうふうにするといいぞ〜ってメッセージ、ありますか？　ポジティブでもネガティブでもいいんです、そのままストレートに思いをぶつけていただけたら。
別所　あのー、僕もそんなに強い人間じゃないんだけど、自分が悩んでいるようなことって世界中に3人ぐらいは同じように悩んでいるんじゃない？って思っていて。
志村　3人ね。
別所　うん、3人ぐらいは絶対いるよ、たった一人じゃないよっていうふうに、考えるようにしているんです。きっと明日、おもしろいことがまた絶対あるぞ！とか、素敵な出会いがあるぞとか、おもしろいことに出会えるぞっていう気持ちを大切にしようと思っています。
志村　あ〜いいですね〜。
別所　まあ、ありきたりかもしれないけど、そう思っていきたいし、そういう明日があると思っていたいですよね、みんな、きっと。
志村　じゃあ今、一番に聞いた人間として、明日まず、同じ部屋で寝ている夫に、出会えてよかった！って思って、ハッピーになり、家族に出会って、ハッピーになり、そしてまた知らない人とも出会うし、いろんな人とも出会ってよかったって思うようにしよう！
別所　退屈だなーとか、なーんかおもしろくないなーとか、そう思っちゃう自分もいるからこそ、そうじゃないことを見ていったほうがいいですよね。

志村　そうですね。だって今日こうやって、あらためてそうしようって思える私がいたりとか、どなたかがいるわけでしょ？　わかっていても、ちょっと背中を押してもらったり、そんな一言を言っていただけると、そうだそうだ！って思いますもんね。

別所　これって何時ぐらいに聴いてるの？　みんな。

志村　あのね、夜中の1時から2時に聴いていただいているの。

別所　もうねー、ぜーったいに眠れない、寝られない人だと思う……！（笑）

だからね、聴いてくれている人を一緒にトランキライズっていうか癒して、ちょっと寝不足でもいいから朝6時に起きようよ！　僕が「おはようモーニング！」って言いますんで。

志村　いいな〜、それ！　6時に起きますよー！

別所　あ、無理しなくていいですよ（笑）。あのね、無理はダメだから。そういう人は7時とか8時でいいです、9時までやっていますから。できる範囲で！

別所哲也（べっしょ・てつや）

静岡県出身。俳優。大学4年の時にミュージカル『ファンタスティックス』のオーディションに合格。1990年映画『クライシス2050』でハリウッドデビュー。映画・ドラマ・舞台・ラジオなどで幅広く活躍中。1999年より、日本発の国際短編映画祭「ショートショートフィルムフェスティバル」を主宰し、文化庁長官表彰受賞。内閣府による「世界で活躍し『日本』を発信する日本人」の一人に選出。

IN THE DARK at JINGU-GAIEN

2019年11月にスタートしたダイアログ・イン・ザ・ダーク「内なる美、ととのう暗闇。」は、明治神宮の敷地内にあるホテルの中。静かで落ち着いた気配が流れる、自分と対話するような場にしつらえています。

自己の宇宙に意識を向ければ、生命としての根源に還っていける

野村萬斎《のむらまんさい》（狂言師）

体のバランスを整え、視覚を補う

たえ（アテンド）　こちらのほうにお椅子をご用意していますので。
野村　はい。
たえ　ではこちら私の声のほうに……。
野村　声のほうに行っていいですか？
たえ　はい。で、私の両側に椅子があります。〈椅子の音を鳴らす〉
野村　はい、音でわかりました。いいですか？　座って。
たえ　少し低いんですが、この前に小さな木の板が。
志村　はい、ありました。
野村　四角いテーブル？
たえ　そうですね。
志村　で、ここに……マイクがありますね。
野村　マイク。ここに向かってしゃべる……はい。
志村　たえちゃんのいるこの場に来るまで萬斎さんと私は二人で歩いていましたが、萬斎さんがあまりに歩くのが速くて驚きました。まるで「ダイアログ・イン・ザ・ダーク」のアテンドのよう。私、萬斎さんに導かれていましたから。先ほど、体のバランスのお話がありましたが、体が整うと、いろいろなことが変わってくるように思いました。

野村　うん。

志村　目が見えてない人と一緒に電車に乗るとあまりつり革につかまらないんです。たえちゃん、そうよね？

たえ　そうですね。あったらつかまりますけど、なくてもいいと思っていますね。

志村　理由を聞いてみると、つり革をつかもうと手で探すと、人の手や頭を触ってしまうこともあると言うのです。そこでなるべくなら探さないで立っているようにしていると。訓練のたまものなのか、私よりも揺れないの。

たえ　そうですすね、揺れない方法を知っている感じですね。地に足がついているとバランスが取れるので。

野村　それは僕もそうですね。あんまりつり革につかまらなくても大丈夫で、それを楽しんでいたりすることがありますね。僕らは面をつけたりすると、本当に自分がどういうバランスで立っているのか初めて気がつくというか。慣れていても、面をつける度に自分をしっかりと保とうという意識が働いて、今自分は真っ直ぐ立っているかと。そうすると直立しているより少したわんでいるほうが、前後左右に対して意識があるような気がするんですね。

志村　たわんでいるっていうのはどういう感じですか？

野村　ジグザグに立っている感じですかね。

志村　あ〜、なるほど〜。

野村　一本線でバレエのように立っていると大体電車の中で揺れたら倒れちゃいますよね？

志村　はい。

野村　前後左右にベクトルを感じながら、その平均値の中で立つ。つまり前にこう、後ろにこう、感じながら。その均衡の上に自分は今、前後に倒れることなくいるという感覚を持っているわけですね。このような、原理というか、体幹というものを能楽師は身につけているということですね。

志村　そうなんですね〜、体幹！　あの、能のお面も小さいですよね？

野村　そうですね、お祭りでかけるようなお面と違って、本当に、女性の小指の直径ぐらいしかない面もありますしね。

志村　あー、そうですか！

たえ　失礼いたします。お飲み物をご用意させていただきたいのですが。

野村・志村　はい。

たえ　本日は、温かく香りの高いお茶、そして甘酒ですね、生姜とともにお出しできます。そして冷たい炭酸水もございます。いかがいたしましょうか？

野村　おすすめはなんですか？　ここで飲むべきは（笑）。

たえ　どうでしょう〜？

野村　甘酒の生姜入りというのもなんとなくリラックスできそうですよね。

たえ　そうですね！

志村　私は、炭酸水。

たえ　かしこまりました。

志村　あのう、どこにも隙がないという言葉を使っていいのかわかりませんけど、本当に全くもって全身をピシッと。テレビを拝見していてもそう。

野村　おっしゃる通りですね。僕らは構える、隙なく立つとどちらにでもすぐ動けるし、どこから押されてもすぐ対応できる。そういう意味でも平衡感覚に対してすごく意識があって、しかもそれを人に美しく見せる。そういうことですかね。

志村　あぁ、やはり。すごいなぁ。少し話は変わりますが、私、目が見えない人たちと20年以上活動をしていますが、彼らはたぶん、朝起きてから夜寝るまで、また別の意味で、生きていく中で隙がないように思うのです。

なんていうか……視覚がないことで、すべての感覚を研ぎ澄まし日常を送っている。体の使い方は全然違うかもしれませんが、なにかバランスの取り方に共通点があるように思いました。

野村　僕らは、やはり根本は物真似芸なので、人の真似をする。ですから目の見えない方の演技をしないといけない時に「こめかみでものを聞け」と、よく言います。

志村　こめかみですか。

野村　ええ。普通だと顔を見るとか、表情を読もうという意識も働くから絶対顔をそちらに向けるはずなんですけれど、表情は読み取れないわけですから。かといって耳を向けるわけでもなくて。ちゃんと聞こえるので、なんとなくこめかみで聞くくらい。演技でやっているのか、それが習性になっているのか……でも声がこめかみに響いてくる感じがしますね。

志村　あ〜そうか、こめかみでってすごい！

野村　さっき杖を使っての暗闇での歩き方で、杖の先が本当に指先ぐらいの意識があって、だから杖は軽く握っていなきゃいけないんだとわかったというか。平らな板なのか砂利なのかということが杖の先でまずわかるという感覚なんだろうなと。それから、手の平じゃなくて手の甲を前にかざして歩くというのは能では一応、型なんですけどね。それも理に適ってるんだということが教訓になりました。

志村　うーーん（深くうなずく）。本当ですね。

暗闇と能舞台の共通点

たえ　失礼します。こちらで生姜をすらせていただいてもよろしいですか？

野村　あーおもしろい。すごい……感度が増しますね〜。

〈生姜をする音〉

たえ　生姜の香りが立ちますでしょうか？

野村　あーしてきた、してきた。

たえ　それでは甘酒を今左側に置きました。手で確認していただけますか？

野村　はい、大丈夫です。お茶請けがあって、それでここに湯呑み、あ、まぁるい湯呑みですね。

たえ　はい。こちら炭酸水でございます。失礼いたします。

志村　はい、ありがとう。炭酸のパチパチはじける音。いただきまーす。

野村　いただきます。……あ〜〜、生姜の香りがしますね。

志村　あの、お面をつけていらっしゃることとか、目を使わないことで演じていらっしゃることは何度か拝見していたので、予想はしていたんですけど、ここまでスムーズに暗闇を歩かれる方は滅多にいないので、びっくりしました。

野村　面をつけると足元が見えないから、どこが端であるかということが途中から全く見えなくなるんですね。もちろん端にいれば、その逆のサイドの端は見えているんですが、残り3歩ぐらいは見えないんですね。そうすると5歩ぐらい前から、あと2歩で止まらないと落ちるとか、5歩行ったら落ちるけど3歩まで行くとちょうど端、角に立てるとか。そういうふうに予測しながら行動することがあります。

志村　はぁ予測ですね。もうそれは記憶の中に入っているんですね？

野村　そうですね。三間四方という、畳の長いほうが一間で180cmぐらいですからその3倍、5m40cmぐらいの正方形っていうのが能舞台のサイズです。その中でずっと修業をしていると、大体の歩数でどちらに行くとどうなるという広さは体に身についているんですね。

志村　はぁー、そっかー（感嘆）。

野村　ただ方向感覚というのは、やはり音か視覚で、囃子方《はやしかた》がいるとか、お客さんがいるほうが正面だとか、お囃子が鳴っているほうが後ろだとかあったりするのですが、細かい所はわからないので、能舞台には柱があるんですよ。目印にするので「目付柱《めつけばしら》」という柱があって、それがお客さんにとっては見えにくい存在なのですが、それを取ると舞台から役者が落ちてしまう。

志村　それで目付柱って言うんですね。今ふと思ったんですが、やっぱり体のバランスが整っていると、なにかあった時、例えば不測の事態とかに落ち着いていられるものですか？

野村　うーん、動じないというか、逆にすごくバランスを取ろうとする感覚はあるかもしれませんね。違う感覚を研ぎ澄ませようとするスイッチというのはありますし、普通の人よりとにかく足の裏の感覚も多分にあるだろうと思います。そうそう、僕らの足袋は、特注なんですよ。

志村　あっ、そうですか！　どんなふうに？

野村　まあオーダーメイドの靴を作るようなものですね。足袋の底の厚さとか、感覚はものすごく重要で、そこの素材にこだわったりするんですよ。木綿でないと困るんですね。化学繊維だとなんだか……、床をつかめないというか。

志村　うん。うん。

野村　そうそう、僕らは指で床をつかむんですよ。

志村　ぎゅっと？

野村　ぎゅっと。そういう感覚。

志村　今、私やってみています……。大体こう、能の動きって少し前屈みですものね？

野村　そうですね。それはお客さんが前にいるので、圧を少しお客様に与えるということもあるのかもしれませんし、後ろはやはり無防備なので、前に重心かけるほうがいろんな意味で安心したり安定するんでしょうかね。それとか腰を引くとか、顎を引くとかね。肘を引くんですよ。胸は張る。膝も前に折る。額は出して顎は引く。胸は張って、肘は引く……とかね。

志村　はっ、今やってみています……こんな感じかな。

目ではなく体の中で自分を感じる

志村　萬斎さんは、能とか狂言の世界に幼いうちから自然とお入りになっていたのですよね？　逆にそれを意識し始めたのはいつ頃からなんですか？　例えば姿勢のことや今お話しされたこととかも、ご自分の中でこういうふうに伝えられるようになったのは、いつ頃から？

野村　うーん……。小学校の教室で一人だけ頭が突き出ていたというか……。

志村　頭が突き出て？

野村　書道をやる時、鉛筆で書く姿勢とは違って体を引いて書くでしょ？　ああいう感じに、上半身がかなり直立したままノートに文字を書いていたというね。普通の子はみんな前屈みになっちゃう。

志村　そうですよ、猫背な感じに。

野村　そこら辺から、僕は特殊なんだと思いました。小学生の時に相撲が異様に強いとか、体は小さいのに横綱になったとかね。

志村　お相撲も！

野村　体幹と下半身の強さ、そして重心のかけ方ですよね。相撲も結局バランス感覚がすごく重要なので、投げ飛ばす時、プレッシャーを与えておいて外すと向こうが勝手に倒れてくるわけですよね。

志村　そうかー。

野村　ですから自分の体幹とかバランスを考えているから、相手のバランスを崩せばいいわけです。相手の力をどれだけ利用するかということをしない限り、小さい人は大きい人には体重で負けてしまうわけですね。
志村　そうですね。合気道みたいですか？
野村　なるほど、合気道もそうかもしれないですね。
志村　それをもう、意識なくというか、体でできていた？　頭で考えなくても。
野村　特に僕は狂言や能楽師の中でもそういうのが特殊に発達していたのかもしれません。
　ところで、目が慣れるはずがないのにだんだん天井や壁を感じるんだけど。
志村　感じます？
野村　うーん。今我々は……壁から2メートルぐらいの所にいるんじゃないかって（笑）。
志村　あとで確認してみましょうか（笑）。
野村　天井は……今この椅子の高さからどうだろう、2·5メートルあるのかな？　壁のほうが近くて天井のほうが高い気がする。もしかしたらね、音の返りでわかるのかもしれない。
志村　いや～、見えない世界にいる人たちと同じことしちゃいますねー。
野村　あ、音の反射で？
志村　はい。
野村　〈「パン！」と手を一回叩く〉なるほど、私たちの背中の後ろのほうに空間が抜けていますね。今跳ね返って後ろに行きました。

志村　はー……たえちゃん、すごいね。同じことをしている方がいらっしゃる！

たえ　そうですね～、私と同じことをおっしゃってますね！（笑）

野村　そうですかー。僕は適当なことを言ってるだけです。でも自分で稽古している時はこういう感じですね。僕は夜によく一人で稽古するのですが、自分がどう見えているかを体内から感じる……（笑）。

志村　あ、体内から。う～ん。

野村　つまり普通、自分はどう見えているか、鏡に映すじゃない？

志村　はい。

野村　鏡に映して自分はこう見えていると確認する。お化粧だってその基本ですよね？

志村　そうですね。

野村　体幹とか体つきとか、自分はどういうポージングをしているとかフォルムであるとか、もちろん鏡も必要な時もあるんだけど、やはり自分の体内の平衡感覚を研ぎ澄ましている中で見えているというふうにわからないと。特に面をつけている時に自分がどう見えているかというのは、体の中の感覚で表現してないといかんわけですね。言っている意味わかりますか……？（笑）

志村　……わかる気がします。でもそれって、だいぶ難しいですね？

野村　そうですね。すごく難しいです。ですから、それを身につけるための修業をずっとしている気がしますね。

志村　うーん。その、体内の自分の中で自分を感じるって、本当はすごく大切なんだろうなって。

わかる気がしますとお伝えしたのは、頭ではわかる気がするんだけども、体ではわかっていないのです。体の中でわかっているかっていうと私はわかってないなって思ったんですね。

野村　そういう回路を作る。やはり人間、いろんな意味で五感の回路を使ってないことが多いし、今本当に視覚に頼っている部分が多いでしょうから、自己の体内に……ヨガでは瞑想すると言うのでしょうが、自己の宇宙に意識を向けるという感覚が、今はしないじゃない？

志村　うーん、しないですね〜。

野村　それにまたスポットを当てたいですよね。

志村　本当に。それ、多くの人が求めていることだと、とても思います。

日本にある自然との共生感覚

野村　外側で人間は争ったり違いをすごく意識するわけですが、体内の宇宙に自分が入っていくと、なんでしょうね、こうやって落ち着いて話せたり、同じ人間として還っていく原初の部分で向かい合えるとか。そういう人間の根源、生命の根源という意味で言うと、自分の中で今内臓が動いていたり、だんだん細胞レベルにまで意識がいくじゃないですか。

志村　はい（深くうなずく）。

野村　外側ばかりじゃなくて、内なる宇宙というのかな。みんなこの人間の存在を辿っていけば祖先は一緒の所になるわけでしょ？

志村　そうですね、本当にそうですね。

野村　地球という生命の誕生。太陽があって、偶然水の惑星があって、その結果生命が生まれた。その中で我々は自然の一部として存在している。特に日本はそういう自然との共生感覚というのが優れているほうだと思うし、そういう文化があるので、狂言にも五穀豊穣を願う『三番叟《さんばそう》』という舞があるのですが、実りを祈る、実りがあるということは争いがなくなって平和に繋がるという、すごく根源的なことだなとあらためて思ったりしています。

志村　はい。

野村　食べるための実りじゃなくて、もっと平和のための実りということがあるなんてことを感じていますね。

志村　そうですね。その実りがあって、それを分かち合って、そしてそれを感謝できて、自然やいろんなものにその繋がりをもう一度感じるってとても大切なことですよね。

野村　そうそう。我々もそうやっていろんな遺伝子やら細胞やら、種やら、なにかそういうものの中で生きている一存在であるという、これは縄文以来の感覚なのでは?なんて思ったりもして。

志村　ほんっとにそう思います。うちには、朝日を見て手を合わせて、夕日を見て今日もありがとうございました、っていう母がいて。朝にお水を神棚に、仏壇にはお茶をお供えして、初物があったら先にお供えしてとか、常に暮らしの中に自分たち以外の物を感じながら暮らしてきたんですね。それが『三番叟』を拝見した時にピタッと重なって、ありがたさとその大きな中に包まれた感じがして、非常に神秘的な……言葉にしがたい感じがしました。同時に日本人でよかったと思ったんです。この文化のある、その祈りがある、いろんな祈りの対象がある中にいてそれを感じたんです。
このダイアログ・イン・ザ・ダーク「内なる美、ととのぅ暗闇。」は明治神宮の敷地内にある建物なので、それを意識しました。たくさんの方が神社仏閣に訪れる理由は自分をととのえ、先ほど萬斎さんがおっしゃっていた根源的なものを取り戻そうとしているのではないかと。今回この暗闇はそんなふうに使えたらと思い、作りました。なので、萬斎さんに今日来ていただいて、このお話をしていただけたことは、もう宝物のようです。本当に。

野村 いえいえ。なかなかやはりこういう環境に、今まさしく漆黒の闇の中に身を置いたりするとすごくそういうことに素直になれるのが人間のような気がしますので、とてもいいプロジェクトだなと思いつつ、お天道さんの下に出て物が見え始めると、欲望がむくむくと湧き上がるのかもしれないですしね（笑）。

志村 時々こうやって自分以外の物もだけど、自分のことも見つめることができる時間があると、やっぱりいいですね。

野村 そうですね。その意味でもバランス感覚を持つというか、人間働かないと生きていけないですから、働いたり、もちろん豊かになろうという意識は重要ですけれども。時になにか、生命の根源みたいな所に還ることで、楽になれることは多いんでしょうね。

志村 そう思います。今日はお会いできて本当に嬉しかったです。

野村 ありがとうございます。こちらもこういう空間に対して、もっと初々しさを出したほうがよかったかもしれませんが（笑）。だから初めてここに来られる方がどんな反応なのかなっていう、そのほうが興味ありますね〜。

志村　興味あります？　では次回はぜひチームでご参加くださいね。今日はお話をお聞きできて嬉しかったです。

野村萬斎（のむら・まんさい）

東京都出身。狂言師。祖父・故六世野村万蔵及び父・野村万作（人間国宝）に師事。3歳で初舞台。重要無形文化財総合指定者。国内外で狂言の普及を目指す一方、新しい演劇活動にも意欲的に取り組む。舞台、映画、ドラマなどでも幅広く活躍。芸術祭優秀賞、観世寿夫記念法政大学能楽賞受賞ほか、数々の賞を受賞。2002年から20年間、世田谷パブリックシアター芸術監督を務めた。

文化や背景が違えば、感じ方はまったく違うということ

田中慶子《たなかけいこ》（同時通訳者）

知る喜びが癒しに

志村　今日は神宮外苑のほうの暗闇ですが、遊びに来てくださりありがとうございます。
田中　楽しみにしてきました。
志村　同時通訳者として活躍されていますけど、どのくらいやっていらっしゃるんですか？
田中　実はなんと20年以上なんです。
志村　もうそんなに。もともと英語が好きだったんですか？
田中　いや全然！　全然好きじゃなかったし、正直英語が好きって思ったことはないかも。子どもの頃も勉強ができるとか成績がいい子じゃなくて、むしろ不登校だったりしたので、もともと英語もすごくよくできたっていうことではないし。あと、通訳になるまでもそうだし、なってから今も、こんなにがんばって一生懸命やってるのにいつまでたっても苦しめられる存在っていう感じ。もう、修業の日々ですね。
志村　そうなの？　それでもどうして通訳を選んだの？
田中　通訳になったきっかけって、実は失業したことなんですよ。それまでは国際交流のプログラムをやっているＮＰＯで働いていたんです。日本から若い人たちが海外に行って、世界中の人たちが集まって1年間の体験学習をして帰ってくるっていうプログラムのＮＰＯのスタッフをやっていたんです。みんながプログラムに参加する前のあの不安そうな顔をして旅立っていく時と、帰ってきた時の頼もしい感じがすごくよくて、もうこんなに変わるんだっていうのを見るのがすごく楽しくて、天職だと思ってやっていたんです。でも、ある日突然、財政難なので活動をやめます！って言われちゃったんですよ。

志村　そう。いくつぐらいの時ですか、それって。

田中　30歳ぐらいだったかな。それで、できることとかやってみたいことをやろうと思って、その一つが通訳学校に通うことだったんですね。

志村　そうでしたか。

田中　でもそれは別に通訳になりたかったわけじゃなくて、その前にアメリカに住んでいた時、英語で得た知識とそれまで日本語で得た知識がどうしても頭の中で繋がらなかったんですよね。だから通訳の人ってどうしてるんだろう？という、すごーく素朴な疑問から、じゃあ通訳学校に行ってみようって思ったのがきっかけだったんです。

志村　へえー。

田中　その頃、天職と思っていた仕事を失ってすごく傷ついていたので、勉強することが癒しみたいになっていたんですよ。先生のお手本を見ながら通訳になるための勉強をするのが楽しくて、ほかにやることもないしもう楽しい楽しいって勉強をしていたら、まわりが「この人ものすごく通訳になりたいのね！」って思ったみたいで（笑）、「ＣＮＮ」（アメリカのニュースチャンネル）のオーディション受けてみない？って言われて。受けたらたまたま受かって、それがきっかけで通訳になったんです。

志村　すごい、全然知らなかった。

田中　でもね、通訳になってからも、すごく大変だったんですよ。勢いでなっちゃったようなところがあったから、仕事をしながら英語も毎日勉強するって感じなんですよね。それは今も続いていますけど。ただね、英語が好きなわけじゃないけれども、通訳の仕事を通して得られる経験は好きなのかもしれない。

志村　傷ついていた時に勉強するのが癒しだったとおっしゃってましたよね。知るとか新しいことを得るということが癒しになっているのかな？　休むことも必要でしょうけど新しいものが自分の中に入ってくることも、元気になる一つの理由なのかもしれませんね。

田中　そうだと思います、うん。

志村　そしてそれが、今にも繋がってるんでしょうね。

田中　そうかも。いわゆる机に向かってするような勉強とはまたちょっと違う、それも含めての学びというか。あ、こんな世界があるんだって知る喜びというか。

志村　知れるって大切なことですよね。喜びに通じることがたくさんあるもんね。

歴史の伝え方ひとつにしても

志村　通訳は、あらゆる国の人たちが対象ですよね。同じ英語を使っていても国によって文化が違うでしょうし、言葉が同じでもニュアンスが違うとか、本当はいろんなことがあるんだろうなと感じたんですよね。

田中　ありますね。

志村　どういうことがありますか？
田中　その人のバックグラウンドによってこんなに感じ方が違うんだって思った出来事があって。ある時、世界中から集まったいろんな国の若いメンバーと、一緒に広島の平和記念資料館を訪れたことがあるんですね。平和記念資料館に行ったことがある方は、想像できるかと思うけれども、ものすごくつらい気持ち、暗い気持ちになる場所じゃないですか。
志村　そうですね。
田中　その中に「ワンダフル、ワンダフル」と言っている人がいて、私は「え？」って思って、その人の顔を見たら嬉しそうな顔をしているんですよ。なぜ？と思って話を聞いてみたら、その人はキプロス島から来ていて、自分の母国もいつも紛争や対立があると。
志村　そうだね。
田中　自国の歴史記念館とかでは、対立をしている相手国のことを非難する展示がたくさんあるんですって。自分たちがいかにひどいことをされたのかとか、あいつらがいかにひどいやつらかみたいな、そういうプロパガンダがね。その人はそれを見て育ったから、日本でもそういうものを見るんだと思って来たら、そこにはもちろん当時の悲惨な様子は展示されているけれども、でも誰かを責めたり、ひどいことをされたということを訴えるようなものがここにはないと言って、そのことを「ワンダフル」って感動していたんですよね。
志村　そう……。
田中　かつて敵対していたとしても、憎み合うことを常に訴える必要もないし、こういう伝え方もできるんだっていうことに感動していたの。被爆者の語り部の方のお話も聞いたんですけど、その方も犠牲者なのに、自分は被爆をしたけれどアメリカの支援によって治療を受けられたことに感謝していますとおっしゃっていて。こういう世界もあるんだということにその人はすごく感動していて、感動しているその人を見て私もすごく感動したんですよ。同じものを見ても、背負ってきたものとか、普段見ているものによってこんなに感じ方って違うんだということを目の当たりにしたというか。文化の違いって本当にいろんなところで、ちょっとしたことでも感じることってたくさんあるんですけど、そこまでわかりやすく目の前で見たのは、あらためてやっぱり人って同じものを見ても感じ方はこんなに違うんだということに気づいた経験でした。

文化の溝を埋めるファシリテーターとして

志村　同時通訳って、直感も必要な感じがします。話しているその瞬間瞬間に、言葉だけじゃないもっと違った大きなものを知っていないと、「同時」にならないんじゃないかっていつも思うんだけど、その人自身になるみたいな感じというか、どうですか？

田中　そう、そうなんですよ。通訳の仕事って、言葉を置き換えることだとよく思われるんだけれども、言語はもちろん、文化や背景がそもそも違う人たちの間に立つって、言葉を置き換えただけでは通じないことがすごく多いんですよね。だからその言葉を一旦意味としてちゃんと理解してから、英語から日本語、日本語から英語っていう、違う言語にまた落として訳す作業が入ります。

通訳しているとおもしろいんですけど、まず話し手のスピーカーがどんなことを考えていて、どんなことを言うような人なんだろうというのをまず理解しておくんですよ。そのための準備として その人の本を読んだりとか、過去の発言を調べたりとかして、その人の大体の考え方みたいなのを 頭に入れた上で、言葉を聞いて訳していくんですね。もちろんその人になれるわけではないんです けど、でもその人の思考自体を理解することを意識しながら訳していますね。

志村　調べたり、その情報を得るというのは、すごい準備だと思う。オードリー・タンさんの通訳もされていますよね。

田中　オードリーさんの考え方とか、人としての接し方とか、本も読ませていただいてるんですけど、例えば対立する考え方がある時に、それをどういうふうに結論を出していくのか。それは決して多数派が正解ということではなく、みんながちょっとずつ譲りながら、なるべくたくさんの人がもっとも受け入れられる方法とは何だろう？ということを、すごく当たり前のようにおっしゃるんですよ。オードリーさんが本当にすごいなって思うのが、言われてみればそうだよねっていうことを、とても私たちが受け取りやすいようなユーモアやジョークを交えながらお話ししてくださって。私は通訳をさせていただく立場なんだけれども、もう自分の心に刻みたいような、そういう学びがすごくたくさんあるんです。

オードリーさんは本当にすごく頭の回転が速くて、だから早口だし、お話ししていてもいろんなところに話が飛ぶように見えるんですよ。例えば最先端のデジタル技術の話をしてたかと思うと、何百年も前の印刷機の話が出てきたりとか。ただお話を聞いていくと、最終的にちゃんと繋がっていくので、聞いた情報を少しも落とせないというか、訳している側としてはもうどこでなにが繋がるかわからないから、ついていくだけで必死なんですけどね。

志村　私はオードリーさんにお会いしたことがないし、ご著書とかどなたかが訳された言葉で知ってオードリーさんのことを理解した気持ちになっているんだけど、やっぱりその通訳や翻訳がなかったら知り得なかったことなんですよ。

田中　そんなふうに言っていただくとすごく嬉しいし、責任も感じますね。

志村　本当に衝撃だったの。オードリー・タンさんの登場って、私にとって。まだ若くて、だけど昔からあるすごく大切なことを今にちゃんと生かしていて、そして新しいものも繋げていっているじゃないですか。それってね、やっぱり慶子さんたちがいなかったら、私たちは知ることができなかったよ。繋ぐ人って言うのかな、すごく大切な役なんだなっていつも思っているの。

田中　通訳は、間に立って混乱させないようにっていうのが第一だけど、やっぱりお互いの理解が深まる場面を見たりとか、そういう時にはとても嬉しいなって思う。あとね、通訳の仕事って何なんだろう？って考え続けているんですけど。言葉を置き換えるだけでは伝わらないことが本当にたくさんあって。でも私はどこまで踏み込めばいいんだろう、どこまで意訳するのがいいんだろうとか、訳していてどうしてもここはギャップが埋まらないと感じることとか、いろんなことがある中で、私の役割は何なんだろうってすごく悩んでいた時に先輩が言っていたことで、「文化のファシリテーターでなくてはならない時もある」と。それは言葉を訳しているだけでは埋められないものを、両方の言葉や文化を知る者として、適切にその溝を埋めてファシリテーションをすることが求められることもあるんだと。そしてプロの通訳者というのは、その場で「翻訳マシン」から「文化のファシリテーター」の間の、今自分が取るべきポジションや役割はどこかというのを瞬時に判断して、ちゃんとそこを繋げられることなんだっておっしゃっていたんです。

志村　すごいな、それは。

田中　それを聞いて、私はすごく納得したんですよ。それからね、ちょっと自由になった気もしたんです。

英語も手話も思いを伝え合う手段

志村　今回お書きになったご著者『新しい英語力の教室』、私も読ませていただいて、すごくよかったのは、英語が嫌いだったとしてもそれを克服しなくてもいいんだなと思ったの。

田中　そう思っていただけて嬉しい！

志村　だけど、好きになってもいいんだなと思ったの。

田中　なるほど。

志村　克服しなきゃいけないっていうのは、ちょっと違うんだなと思ったんですよ。

田中　そう、好き嫌いってコントロールできないものですよね、そもそも。私もずっと苦手だったし、こんなにがんばってるのにまだ全然報われないって思うことがいっぱいあるけど、苦手だったら苦手なりの使い方を考えればいいと思うんですよ。自分に英語が必要なら、英語が目的なんじゃなくて、自分の目的のためのツール。道具である英語をどうやって使ったらいいんだろうっていう発想になれば、別に好きになる必要もないし、でも好きになってもいいし、気持ちをコントロールする必要はないんですよね。完璧を目指す必要なんかないし、そこを目指しちゃうと英語がどんどん苦しいものになっちゃうから、自分の英語力を前提にしてしまってそれをいかに使いこなすのかっていうこと、そしてそれを使って繋がれる世界に出ていくということを、ヒントにしてもらえたら嬉しいなと思って書いた本なんです。

志村　ある時、中学2年生の男の子が「ダイアログ・イン・サイレンス」に来てくれて、そのお子さんは児童養護施設から体験しに来てくれたのね。いろんな経験があったんでしょうね、大人がちょっと怖いの。目を見るのも本当は怖い。でもサイレンスの世界って音がないから、目を見て身振り手振りしないと通じないんですよ。手話はわからないんだけど、手話を使っている聞こえない人がアテンドだから、身振り手振りで伝えることを体験していきながら、後半になると手話ってい う言語でちょっと伝えることができるようになるんですね。パネルに15個ぐらいの簡単な手話の単語が貼ってあるの。で、サイレンスが終わって音のある世界に戻ってきた時、アテンドである聞こえない人とほかの子どもたちが対話をし始めたんだけど、その男の子は自分の仲間の子どもたちがいっぱいしゃべってもアテンドが理解できないかもしれないって瞬時に思って、覚えた手話の15単語と身振り手振りで、手話通訳を始めたの。

田中　ええ、すごい！

志村　すごいよね。たった一回の体験でそれができたの。身振り手振りと覚えたての単語で。しかもアテンドにもちゃんと伝わったの。それを見た時に、慶子さんの本はこういうことだと思った。英語はなにかの縛りじゃなくて、思いを伝え合う手段だってことを書いてくださっているんだと思ったの。

田中　うん、伝えるためのもの。本にも書いたんですけど、国際共通語としての英語に完璧は求められてないいんですよね。国際共通言語は、英語ではなくブロークン・イングリッシュだって国際会議の場などでも言われるんですけど、格好よくとか流暢にっていうことじゃなくて、何を伝えたいか、どうやったら伝わるか、そしてどうやったら相手のことを理解できるかのほうがやっぱり大事だと思うんです。それを伝える一つのツールとして言語があるし、手話もその一つかもしれない。

志村　そうそう、そうなの。同じように流暢な手話とか、綺麗な美しい手話もあるけど、その少年がやってくれた生まれて初めての手話通訳は、見ていて涙が止まらなかった。

田中　私も「ダイアログ・イン・ザ・ダーク」が大好きで、時々遊びに来ているんですけど、私は通訳という言葉で伝える仕事をしていて、どうやったら伝わるかということを常に悩むんですよね。悩みながら時々頭でっかちになっちゃうような感覚に陥ることがあって。でもここに来ると、伝えるってこういうことなんだっていつも原点に戻れるような気がするんです。

志村　そうなんですね。

田中　例えば暗闇に入って本当に何も見えない時、「ここにいるよ」って声に出して言うとか、「座ります」とか、普段の生活では言わないじゃないですか。だけど、そうやって声を掛け合うことで、相手に何を知らせたらいいのか、何を伝えなくちゃいけないのか、相手のことを思いながら自分が何を発すればいいのかを考える。伝えるってこういうことなんだなって、私はダイアログに来てあらためて確認をして、そしてまた通訳の仕事をするっていうような、私が戻ってくる場所みたいにいつも感じてるんですよね。

志村 嬉しい。ありがとうございます。世界47カ国でダイアログをやっているけど、世界中の暗闇の中で、一番多く使われる言葉が「I'm here」なんだって。

田中 あぁ、そう…！（涙声）

志村 「私はここです。そしてあなたはどこにいますか？」って。そして、最後には「私は私です」ってなるんだって。

田中 なるほどね……。

志村 それを感じていただいてたんだなと思って、すごく嬉しいです。

田中 そうか、私がいつもダイアログに戻りたくなるのは、それを確認しに来てるんだなあ。本当にありがとうございます。

志村 新しい一日を幸せに過ごせるように、いつもゲストの方にお言葉をいただいてるんです。慶子さん、なにか教えてもらってもいい？

田中 私が今感じていることかな。これを聴いてくださっているみんなここで一緒に感じられたらいいなぁって思うんですけど、「大丈夫」っていう感覚。「I'm here」、「大丈夫」って、それを自分の中に感じてほしいなと思います。

志村 うわ〜、いいね。

田中 ね、ここにいるとなんだか安心しますね。

田中慶子（たなか・けいこ）

愛知県出身。同時通訳者。高校を卒業後、劇団研究員、ＮＰＯ活動を経てアメリカの大学へ進学。卒業後帰国し、衛星放送、外資系通信社、ＮＰＯ勤務ののち、フリーランスの同時通訳者に。天皇皇后両陛下（現・上皇上皇后両陛下）、総理大臣、ダライ・ラマ、テイラー・スウィフト、ビル・ゲイツ、デビッド・ベッカム、Ｕ２のＢＯＮＯ、オードリー・タン台湾デジタル担当大臣などの通訳を経験。

IN THE LIGHT at ONLINE

コロナ禍で緊急事態宣言が発令されていた時期、
オンラインでゲストを迎えて収録を行うことに。
いつもとは異なる、緊迫感に包まれた東京での
対話となりました。

孤独な「モノローグ」から、繋がりを感じられる「ダイアログ」へ

熊谷晋一郎《くまがやしんいちろう》（小児科医）

苦労とは個人と社会の摩擦のようなもの

志村　熊谷先生、ご無沙汰しております。今日はネットを繋いで先生をお招きしています。

熊谷　よろしくお願いいたします。

志村　初めてお会いしてから6年ぐらい経っていますが、今この時だからこそ先生にお話をうかがいたいなと思う気持ちが募っています。あらためて先生のことをご紹介したいのですが、東京大学先端科学技術研究センターの准教授でいらっしゃって、小児科の先生でもいらっしゃいますよね？

熊谷　そうですね、はい。

志村　先生のご活動のことも含めてお話をうかがいたいんですけど、よろしいでしょうか？

熊谷　はい。私自身は生まれつきの脳性まひという身体障がいがありまして、幼少期はリハビリを一生懸命受けていました。当時1970年代というのは健常者にみんなを近づけるということが目指されていた時代で、一日に何時間もリハビリをして、健常者と同じように体を動かせるようにと努力していました。しかし、リハビリの効果はそれほど大きくないということが80年代ぐらいからわかるようになってきて、ちょうどその過渡期に幼少期を過ごして、その後、いろいろな経緯があって小児科医になりました。言ってみれば、かつては小児科医に治療される側だったんですけど、今度は支援をする側に回ったという経験の中で、その間のギャップというか、ドーバー海峡くらいのギャップがあるということを感じるようになってきました。

志村　うーん。そのギャップのお話、もう少しお聞きしてもいいですか？

熊谷　そもそも健常者に近づくという目標設定自体、〝当事者〟から生み出されたものなのかと考えると、必ずしもそうではないわけです。むしろ周囲の人々や社会全体が当時そういうことを望ましいと考えていたと。しかし大きく風向きが変わったのが、同じく1980～90年ぐらいでしょうかね、「障がいのある本人にとっての回復の定義を打ち出そう」という動きが出てきました。その結果、精神障がいからの回復というのは決して症状がなくなることではなくて、症状がありながらであっても、地域の中で人々との繋がりを保ち、そして未来に希望を持って等身大の自分のアイデンティティというものを構築することだと。そこを羅針盤にしながら、すべての研究をもう一度組み立て直すというような、大きなパラダイムシフトがきていますね。

志村　障がいがあるとかないとかだけではなくて、人って誰でも自分になにかしら問題を感じていたり、抱えていると思うんですけど。

熊谷　そうですね、大なり小なり苦労や困難を抱えている人のことを広く〝当事者〟と呼ぶとすると、ほとんどの人が当事者ということになると思うんですね。誰でも、苦労や困難を抱えた時っていうのは、例えば本を読んでヒントがないか調べたり、あるいは似た苦労を抱えている人にアドバイスをもらったりとか、いろいろな取り組みをすでに皆さんやっていらっしゃると思うんですね。ただ、同じ苦労を持っている人を探そうにも、まわりにはほとんどいないとか、世の中にはそういった当事者研究をしづらい、マイノリティ的な苦労を抱え込んでいる人たちがいる。苦労というのはある種、個人と社会の摩擦のようなものという側面がありますので、今のようなパンデミックが起きれば、相当数の人たちがミスマッチを経験していると思います。

志村　環境が変わった中で、順応できない人が多いはずですものね。
熊谷　そう思いますね。
志村　それを先生は、今どうご覧になっているのかということもおうかがいしたかったんです。
熊谷　私の関心事は、やはり人々の多様性のほうにあります。感染症のシミュレーションのモデルの中では均質な人口を前提にして対策が立てられることが少なからずありますが、そういった対策が見逃すのはどういう部分なのか？ということに、私は関心を持っているわけです。
志村　はい。
熊谷　それらを細かく細かく見ていくということが非常に重要ですし、その作業を飛ばしてしまうと、結局はこの感染症全体の対策としても不十分になってしまう。
志村　そうですね、その中に入らない方たちも当然いるということですよね。
熊谷　その通りです。

形を変えると、提供できる自分になる

志村　「ダイアログ・イン・ザ・ダーク」をやっていて、ちょうど東日本大震災があった時に、目が見えない人たちがある時つぶやいたんですね。「知らないうちに自分たちはマジョリティになっちゃってた」って。
熊谷　あー、はい、はい。
志村　今までマイノリティの専門家だと思っていたんだけど、被災した人たちから考えれば、被災

しなかった自分たちはマジョリティになってしまったというふうに言ったんですね。

熊谷　なるほど、なるほど。

志村　それを私はすごく興味深く聞いていたんです。で、今なにができるかって相談した時に、じゃまにならなければ、東北に行きたいって言ったんですね。どうして行きたいの？って聞いたら、マイノリティの専門家だった自分たちは、マイノリティの人たちに対してアドバイスできるはずだって言ったんです。それは例えば、この助けは必要だけどこれはいらないとか、ここは本当は自分たちでやりたいんだとかっていうことが、実はいっぱいある。でも今、突然弱くなった皆さんが、なんでもやってもらうことによって感謝しなきゃいけないと思いすぎて負担になってしまうのはつらいし、自立が遅れてしまうだろうから、それは自分たちが一番言いやすいんじゃないかって。

熊谷　なるほど。

志村　それで、東北に行ったんです。まず津波というのが、言葉ではわかるけれども映像では見えないから、わからない。そこで現地に行って、目が見えない人たちはみんなで曲がりくねったガードレールを手で触ったり、体感でその津波を感じていくんですね。で、基礎だけが残っている住宅地があって、もう家は全部なくなってしまったんですけど、その基礎だけのおうちに入っていった時に、ぬいぐるみが一つ置いてあったんです。それを触って「ここは子ども部屋だったんだね」って言ったんです。それは、目で見ている私たちとは違った形で津波を見ていて、よりリアルに感じていることがあるんだなと思ったんですね。

熊谷　はい。

志村　その人たちが東北で伝えていく言葉っていうのはすごく大きかったんです。なので、今回も同じような感じで、感染リスクがあるので大きなことはできないけれど、それでも自分たちならできることがあるということで、学校に行けなくなってしまった子どもたちに対して「オンラインスタディ」といって、見えない自分たちと見える君たちとが友だちになって、教え合いっこしよう、ということをオンラインでやったんですね。

熊谷　ええ。

志村　その時に不登校のお子さんたちもきてくださったんです。初めは画面になるべく映らないようにしている感じで、姿は半分だけ。ところがだんだん真ん中にきて、ちゃんと画面の中央に座るようになったんです。

熊谷　あーなるほど。

志村　そんなふうに、私たちが今までやったことがなかった、暗闇から外に出て今自分たちができることをやっていこうとしたのは、先生が以前おっしゃっていた「弱かった自分たちが形を変えると、提供できる自分たちになる」っていうことだと、本当にそう思いまして。もしかしたらそれはダイアログだけじゃなくて、いろんな方たちが思っているかもしれないし、不登校のお子さんも、「今はみんなが不登校になっているからね」って言ったんです。

熊谷　本当にそうですよね。

志村　でもやっぱり、「助けて」って言うことを知らない人たちがたくさんいると思うんです。その言葉が言えないみたいな。

熊谷　まさに「助けて」が言いやすい苦労と、「助けて」が言いづらい苦労がありますよね。最近の社会変動によって大きく発生した苦労に関しては、それを表現して伝える言葉がまだないというところがあります。もう一つは、自己責任とみなされやすい苦労ですね。本当は本人の自己責任ではないんだけれども、世の中の多くの人が、怠けていたせいじゃないかとか、ワガママなんじゃないかっていうような偏見を持ってしまうタイプの苦労というものが、世の中には残念ながらあります。そういった「自己責任化」されやすい苦労も、実は「助けて」が言いづらい苦労の一つなんですね。

志村　なるほど……。

熊谷　ほかにも様々な理由があるかもしれませんが、「言葉がない」ということと、「自己責任化」の圧力が強いこと。この二つがおそらく置き去りにされやすい苦労ですし、こういった状況下では特にしっかりと目を凝らして見つめなきゃいけない苦労だと思いますね。

志村　それってこういうことにも共通しますか？　例えば新型コロナウイルスに感染してしまった方が、テレビで見ていると「感染してしまって申し訳ない」って。私はあれを聞いて本当に胸が痛くて、好きで感染したわけじゃないのにって……。

熊谷　全くその通りですね。実はこういった研究があるんです。それは、人々を分類する時、どういった属性が差別の対象になりやすいかという研究で、いろいろな文化圏で比較した時に浮かび上がってきた共通項というのは、「自己責任によってその属性に割り当てられた」と間違って信じられている属性なんですね。

志村　うーん。

熊谷　確かに個人の努力で感染予防をしましょうというメッセージは、それ自体とても大事なことではあるんですけど、それとセットで常に考えなくてはいけないのは、「どんなに気をつけていても感染する時は感染する」ということです。

志村　そうですね。

熊谷　感染という現象が「自己責任論」になってしまうと、その感染症にかかった人の属性を差別する圧力が増してしまうということが想像されるわけですね。なので「こういった予防を個人の努力でしましょう」というメッセージとともに、「そういった差別にも同時にアンテナを張ってそこに陥らないようにしましょう」というメッセージは、セットで発信しなくてはいけませんね。

志村　はい、自分たちもそれは気をつけなければいけないと思っていて。

熊谷　ウイルス以外にいろんなものが広がりやすい状況になっているので、そういった思いやりをどう広げていくのかも積極的に考えなければいけませんよね。

ケアの社会化を止めてはいけない

志村　先生は今、なにを大切にしたいとお思いですか？

熊谷　そうですね、たくさんありますが……。一つには、１９６０年代、70年代に身体障がい者運動が目指してきたものがあるんですけど、今回の感染症による大きな社会変動というものがそれを逆向きに戻してしまう部分が数多くあるんですね。例えば、障がい者運動の中で家族だけに介護を受けるということは、とても危険なことだということをこれまで主張してきたわけです。

志村 そうですね。

熊谷 障がい者の側から見ると、自分が生存するために頼れる人が家族しかいない状況というのはすごく脆弱な状況なんですね。なぜかというと、自分の生存の主導権を握られてしまうというか、悪意はなくても、家族がどんなに愛情深かったとしても、どうしても家族の顔色をうかがってしまったり、どうしても上下関係、権力関係がその人との間に生まれやすくなるわけです。家族の側から見ても、すべての介護を自分だけが背負わないといけないという状況は、負担なわけです。

志村 うーん。そうですね。

熊谷 介護を受ける側も支配されやすく、介護をする側も負担を感じるというのは、とても暴力が発生しやすい状況を生み出すわけですね。ですから、なるべくたくさんの介護者に暮らしを支えてもらうことを主張してきました。

志村 はい。

熊谷 それは地域の中で、家族でもなく、施設でもない場所で暮らすということを目指す活動だったわけですけど、不特定多数の人とソーシャルディスタンスを保てない状況で暮らしを回していくというのは、感染症という観点から見た時にどうしても鋭い対立が生じるわけですね。

志村 そうですね……。

熊谷 ですから今、国内・国外問わず身体障がいのある人たちの団体では、そういった多様な人が感染を予防しつつ生活を回していける方向性を模索している、という状況ですね。

志村　うーん。

熊谷　子育てもケアの一種ですが、ケアというものを家族の中に閉じるのではなく社会化するという方向で、これまでの私たちの半世紀は歩んできました。仕事をしながら保育園に預けて、ケアの一部を社会化して暮らしていくっていうことが目指されてきた半世紀だったと思うんですが、今回の感染症で向かい風にさらされているっていうのは、たぶん普遍的な傾向だと思いますね。

志村　私たちの仲間もそうですね。2メートルのソーシャルディスタンスを保ちなさいって言われていても、そもそも目が見えない人は2メートルがわからなかったり、人にサポートをお願いしたくても声を掛けにくかったり。お買い物するのでも物を触って初めて何があるかがわかるんだけれども、それもしにくいとか。子どもも育てているし、ご飯も作らなきゃいけない、買い物も行かなきゃいけない、でもヘルパーさんを呼ぶにはちょっと抵抗がある。そうすると全部自分でがんばろうと思ってしまう。そこに無理がやっぱりありますよね。世の中のお母さんお父さん、皆さん一緒だと思いますが、今がきっとすごく向かい風なんだけれども、それを個ではなく社会全体で超えることができたらいいなって思っています。

熊谷　そうですね、おっしゃる通りです。

志村　私たちも今ダイアログ・イン・ザ・ダークは自粛状態になっていまして。暗闇が使えないので、今は仕事ができていないわけです。

熊谷　あー、なるほど。

志村　みんな自宅で過ごしています。で、なにを一番心配するかというと、自立した生活をして親元を出てきて東京で暮らす、そしてダイアログに通ってくるということが危うくなってしまうかもしれない。震災が起きた時のことですが、実家に帰るか迷っていたスタッフがいました。理由を聞くと「また、ただの『お母さんの子ども』に戻っちゃうんだ」って言ったんですね。

熊谷　あー……深い言葉ですね。

志村　それは絶対にさせてはいけないなって思った時に、今自分たちができることをちゃんと把握してやっていくことだな、と思って。私も今、先生のおっしゃったことと同じように「できること」「しなければいけないこと」を本当に考えています。

開かれた対話の空間が必要

志村　このラジオを聴いている方たちにも、ちょっと眠れないなとか、明日どうしようって思う方もいらっしゃると思うんですね。それは障がいがあってもなくても、今はこんな状態なので。そういう時に先生は、どのようなメッセージを送られますか?

熊谷　明日のことが不安で一人ぐるぐると考えてしまうっていうのは、言ってみれば「モノローグ」の状況ですよね。自分一人で、自分の中で対話をしてしまうモノローグな状況を、どう「ダイアログ」に広げていくのかということがすごく大事だと思うんですね。とりわけ、こういった分断が合理化される状況下では、人々がダイアログの空間から排除されて、モノローグの密室に押し込められていくということが容易に起きやすいです。この分断された状況下において、どうやってダイアログの空間を切り開いていくのかということがとても大事だと思うんですね。

志村　はい。

熊谷　依存症もやはりモノローグの病といったところがありますが、長年対話によって自分たちの回復を成し遂げてきた依存症の当事者グループの方々が、自助グループという枠組みでダイアログに開き続けることで、ようやくその依存行動から距離を置くことができると。でもミーティングや自助グループに通い続けなければ、すぐさまモノローグの世界に戻ってしまって、薬物やアルコールを使うことになってしまう。依存症のグループの方々にとっては死活問題と言いますか、そのダイアログの空間をどうやってコロナ禍においても開き続けるかということがとっても大事な課題になっています。

志村　はい。

熊谷　私は依存症とかマイノリティに限らず、これを機会に、対話の空間をあちこちに張り巡らしていったらいいんじゃないかな、と。当面はウェブなどが活用されることになるとは思うんですけども、そういった活動はどんどん広げていく必要があるんじゃないかと思っていますね。

志村　繋がっていくというのは、とても大切なことですね。「モノローグ」からちょっと外に出て、まあ実質的な外じゃなくても、ちょっと話をしてみようかなっていう環境がネットを繋げばあるかもしれない。その第一歩ができたらいいですね。

熊谷　そうですね、私たちも細々とではありますけども、〝当事者研究〟という場をより多くの人が活用できるように準備を進めていますので、ぜひそういったものも活用していただけたらありがたいなと思います。

志村　これを聴いていただいた方々が、あ、そっか！と思って、また新しい明日を見つけられたら嬉しいですよね。
熊谷　そうですね。
志村　なにか工夫がね、見つかると思うんですよ。ちっちゃな工夫でもいいから、こんな時だからこういうふうに動いてみようかなとか、先生のお話がきっかけでそういう第一歩にしてもらえたら、嬉しいなと思います。

熊谷晋一郎（くまがや・しんいちろう）　山口県出身。小児科医。新生児仮死の後遺症で脳性まひとなり、以後車椅子生活に。病院勤務を経て、現在は東京大学先端科学技術研究センター准教授。専門は小児科学、当事者研究。主な著作に『リハビリの夜』『当事者研究』『つながりの作法』（共著）など。

茂木健一郎さん

東ちづるさん

田中利典さん

別所哲也さん

野村萬斎さん

田中慶子さん

熊谷晋一郎さん

IN THE DARK at TAIWA NO MORI

2020年8月に東京・竹芝にオープンしたダイアログ・ダイバーシティーミュージアム「対話の森」。ここでは「ダイアログ・イン・ザ・ダーク」のほか、聴覚障がい者が活躍する「ダイアログ・イン・サイレンス」、75歳以上の高齢者が活躍する「ダイアログ・ウィズ・タイム」などを展開しています。

当事者になった自分が、直接伝えられること

笠井信輔《かさいしんすけ》（フリーアナウンサー）

再スタート直後の病気発覚

志村　暗闇の中で再会できるのが嬉しいです……！

笠井　いや本当に真っ暗な中で放送しているんですね。

志村　そうなんですよ。

笠井　こんな体験、35年の私の放送キャリアの中で初めてですよ。台本も見えなければ、ディレクターさんの指示も見えない、何も見えない中で声だけを頼りにお話しするわけですよね？

志村　そうですね。いやあ、何だか嬉しいです。コロナウイルス感染拡大防止のため「ダイアログ・イン・ザ・ダーク」を休止して1年経ったんですが、再開して初めてなんです、ここを使うの。

笠井　今日、ここから再出発するわけですね？

志村　はい！　今、笠井さんに一番最初にお会いした時のことを思い出していて、あれはお子さんのご出産の時だったかと思うんですけど。

笠井　そうです、三男を産む時に、妻が今度は自然なお産がしたいということで、季世恵先生を頼ったんですよね。

志村　そうでしたね。

笠井　一人目、二人目が非常に大変だったものですから、苦しみながらきつい感情で産むよりも、もうちょっと子どもにも負担をかけないような豊かなお産がしたいと。「アクティブバース」という言葉がありましたけれども、おなかの赤ちゃんとのコミュニケーション、対話っていうんですか、それもきっとうまくいっていたんだろうなと強く感じましたね、そばにいて。

志村　あ〜そうでしたか。

笠井　あの時の子がもう高校2年生ですから、大きくなりました、本当に。

志村　本当にね。そうやってずっと、お子さんの七五三やお誕生日、折に触れて呼んでいただいて、ご家族の素敵な会にいつも参加して、あーいいご家庭だなって思っていたのだけれども。ある時に、病気になったとご連絡をいただいてびっくりしました。

笠井　まあ……私としては、この悪性リンパ腫という血液のがんになったことは、これまでの自分の生き方を全否定されたなと思いました。

志村　あぁ、そうですか……。

笠井　もう長男も次男も社会人になるというんで、自分の仕事に邁進して脇目も振らず働いていました。そこは、家族には極めて評判が悪かったです。

『とくダネ！』という番組を20年間担当していましたけれども、毎朝3時には起きて、生放送をやって取材して打ち合わせして。さらには演劇を年間100本、映画も150本見ていましたし、そうやってどんどん自分の中に物を溜め込んでスキルを上げていくっていうことをしていたら、まあ体を壊しましたね。

志村　うーん。

笠井　本当にその時、この生き方ダメだったんだ……って、そういう思いになりました。

志村　ちょうどフジテレビをお辞めになって、再スタートという時でしたよね。

笠井　まさに。フリーになって2ヶ月後ですから、ここから一気に飛び立とう！という時に、何か翼をもがれたような感じでしたし、ステージ4で全身にがんが広がっている状況だったものですから、死んでしまうのかなと思うような瞬間もやっぱりありましたよね。
志村　その時に一番笠井さんの力になったのは何だったんですか？
笠井　それは……妻でしたね。
志村　うんうん。
笠井　誰にも何も言わずに検査を続けて、でもなかなか原因がわからなくて、がんかどうかもわかっていなくて、悪性リンパ腫ってそういうものなんですね。結局がんだってわかったところで妻に初めて言ったんですけども、その瞬間に妻は「嘘よ～。大丈夫よ、治るわよ」って、僕の告白をなんだか払いのけるような感じでしたね。彼女はもともと精神的に弱い人で、家でもよく泣くし感情を高ぶらせますし、子どもたちも「また母さん泣いてるよ」って感じの人なんですけれども、私のがんに関しては一度も涙を見せませんでしたし、そういう意味では家族には本当に感謝していますね。

孤独を救う新しいコミュニティの存在

志村　入院中にSNSの発信をされていましたよね。あれ、すごかったですね。
笠井　自分としてはもうこのまま世の中から忘れ去られるのは嫌だ！っていう、何とか世の中と繋がっていたいっていう思いも強かったですね。
志村　そっか……。

笠井　あとは、自分は伝える側の人間なので、伝え人としてはやっぱり何があっても伝えていこうという意志が強いんですよね。これまで、事件、事故、どんなことも取材して伝える、間接的に情報をお伝えする役目をもう30年以上やってきました。それが我々報道陣の役割なものですから。ただ今回ばかりは、私が当事者になったんですよね。なのでこれは直接的なお伝えができると。

志村　なるほど。

笠井　皆さんが私のブログやインスタグラムに寄せてくださるコメントは、本当に心を打つものが多かったです。初めは、少しは励ましてもらえるかなというような甘えた気持ちもあったんですが、そういう気持ちを奮い立たせるほど、皆さんはご自分やご家族のそれぞれの深い経験を様々にコメントで教えてくださって。こんなにもがんや病気と向き合っている人がいるのかということに励まされましたし、ある人が何か絶望的なコメントを寄せてくると、私のコメント欄を使ってほかの方が励ましていたり、またそれを見た本人がお礼のコメントを寄せたりとか。もう私を飛び越えて、私のブログのコメント欄が語り場になっていくという、一つのコミュニティを形成する対話の場になっていることに本当に感動しました。こんなふうにして人と人とは繋がっていけるんだと。SNSがこんなにも弱者の救済となるツールなのかと、そこは強く感じましたね。

志村　うん（深く共感）。

笠井　コロナのことがあって、入院して初めの1ヶ月だけでした、友だちや知り合いがお見舞いにきてくれて励ましてもらって、充実した入院ライフみたいな時間が持てたのはね。残りの3ヶ月は誰も来なくなりましたから……。今、入院している患者の皆さん、こうやってラジオを聴いている方もいらっしゃいますよ。本当にね、抗がん剤って眠れなくなるんですよ。不眠にもなるし、本当に孤独と戦っていると思います。その孤独を解消してくれるのが、SNSやインターネット環境なんですよね。そこが本当に生きる力を与えてくれるエネルギー源なんですが、今多くの病院、日本の病院の約7割は、患者さんがWi-Fiを使えないんです。

志村　そうなんですよね。

笠井　私の病院は有線で日中だけインターネットを使えましたけど、スマホやタブレットは有線が繋げませんから、結局データ通信料がどんどん掛かって追加料金をどんどん払うっていう状況に。それでも、いくら払ってでもやっぱり繋がっていたいっていうのがありました。退院後、「#病室WiFi協議会」という団体を作って「病室にWi-Fiを！」っていう運動を始めているのは、コロナ対策のほうにお金をかけなきゃいけないし、病院経営も苦しいと十分わかるんですが、そこに国が少しの手助けをしてくれる政策があれば、どんどん実現していくはずなんで、それを訴えてるんですね。孤独と孤立、そこにやっぱり目を向けなきゃいけないなと思うんですよね。

志村　わかります。私は子どもの時に入院することがけっこう多くて、お母さんに会いたいのね。でも、電話もできないし、何をしたかというと、動物や人間の親子の絵ばっかり描いていたの。夜中に。

笠井　ああ……。今ね、小児病棟も本当に大変なんですって。お父さん、お母さんは来ないでくださいってことになっていて、コロナのせいで。直接コミュニケーションが取れない、お話しができない、それで、結局看護師さんが食事を子どもたちに食べさせるんですが、それがとてつもなく大変なんですって。そりゃそうですよ、親じゃないんだもん。だからその時にタブレットを通してでもお母さん、お父さんの顔を見ながら食事をするってことがどれだけ大事か。
私ね、完全寛解という「がんは消えてなくなりました」というとてもありがたい診断を受けたんですが、緊急事態宣言中の退院でした。私の白血球量は大量の抗がん剤によってダメージを受けていて、大体3500〜5000ぐらいが普通の量なんですけども、私は1300っていう非常に低い状況で、退院になっちゃったんですよ。もうがんは消えているからということで。

志村　あー、そうか。

笠井　だから私が退院することを喜ぶ人って実はそんなにいなくて、心配ばっかりが続いていたんですよ。

志村　そうですよね、感染しちゃいますもんね。

笠井　そう。白血球量が低い中で感染したら完全に重症化しますから、だから私はセルフロックダウンといって、2階の自室に3ヶ月近くこもっていたんですよ。お風呂とトイレと散歩以外は、自分の部屋から出ないっていう引きこもりみたいな感じになっていて。その時に何したかって言ったら、家族が1階で食事する時に、タブレットとかスマホで映像を繋いで、2階でそれを見ながら一緒に食べるんです。そうするとね、食卓を囲んでいる感じになるんですよ。

志村　あ〜いいですね〜。

笠井　そう、だからそういう一つひとつの環境を整えていくのに、病院でのネット環境を患者さんに開放するって、とても大切なこと。それから、看護師さんで手話ができる方ってそんなにいないので、必ず手話通訳の介助の方が病室にいてコミュニケーションの受け渡しをしていたのが、コロナで手話通訳の方はこないでくださいということになって。じゃあ筆談でといっても、限界があるんですよ。でもそこにね、タブレットで手話通訳の方の映像と音声を挟むと、もうそれだけですぐに聴覚障がい者の方との意思の疎通、対話ができる。いろんなことができるんですよ。

志村　本当にそうですよ。

笠井　コロナ禍だからこそやんなきゃいけないことが、まだそこの気づきが広がっていないと痛感して、運動してるんです。

志村　本当ですよね。もうこの機会にね、こんなにダメージがいっぱいある時だからこそ、変えていけることってい っぱいありますよね。いいチャンスにして。

笠井　そう。ですから「ダイアログ・イン・ザ・ダーク」とか「ダイアログ・イン・サイレンス」とか、この施設でやろうとしていることとやこれまでやってきたことって、コロナの時代になってますます重要性を増してきているんだと思うんですよ。気づきなんですよね。人と人とが分断される疫病が広がっているからこそ、コミュニケーションってものを図ることの重要性というか、様々な困難の中でもコミュニケーションを図っていこうという皆さんがやろうとしてきたことが、今、より必要になってきていると思うんですよ。

志村　ありがとうございます。本当にそう思っていて、今ね、対話を止めてはいけないと思っているんです。だから続けなくちゃって。それは病気の人たちも同じなんですよね。

笠井　そうなんですよ。対話することが、もう必須なんですよ、我々患者にとっては。それがコロナ禍になっていとも簡単に奪われているという現状、これを何とかしたいと思っているんです。

志村　わかります。あとね、病気ではないんだけど気持ち的にちょっと孤独になっている人もいますよね。

笠井　いや、そうですよ。だってコロナにかかりたくないから表に出なくなったという高齢の方もたくさんいるし、若い人だってそういう人はいるわけです。そしたら人と会わないことが基本になってくるわけで、一人暮らしだったらなおさらですよね。やっぱりこれって危機的な状況ですよ。

志村　そうなんです。子どもたちもいっとき学校に行けなかったしね。で、ダイアログでは慌ててね、学校に行けなくなった子どもたちと、ダークのアテンドたちとで、オンラインで繋いでお互いの文化を交換しようって言って対話したり、いろんなことをしてこの間も関わりを続けてきたんです。

笠井　とても大切なことですね、それは。

困難から得たものを貯金していく

志村　笠井さんは、今後どのようなことをなさりたいですか？

笠井　これまでの10年は、東日本大震災の人たちと交流を続けながら、どう向き合ってどう立ち上がっていくかってことをずっと伝えてきました。ただ、自分ががんになったことによって、日本人の2人に1人ががんになるというがんについてもしっかりと向き合って伝えていきなさいと、天からの啓示を受けたんだなと思っているんです。ですから、がんに対する様々な啓発活動だとか、がんになっている方、その家族の方を支えるような活動ができないかなと思って、そちらのほうの活動を今一生懸命やっています。「病室にWi-Fiを！」という運動も今年仲間と立ち上げたんですけど、それ以外にも、「オンコロ」っていうがん情報サイトで、がんの権威の先生に不安なことを聞いていろいろな疑問を解消していくという、動画の企画もやっているんですね。そういうふうにして自分に向けられた新たな命題といったものに取り組んでいこうということで、やっぱりがんになって嬉しいことは一つもありませんけども、がんになったからこうなれたんだ、がんになったから見えてきたものはこれだっていう、そこに向かっていこうと思って今努力しているところです。

志村 そうでしたか。もうそれは宿命じゃなくて、使命に変わったんですね。

笠井 そうですよね、そう。

志村 今日ね、バレンタインデーだったでしょ？ この日にお会いできてよかったなって私は思っています。何だかたくさんの愛をいただいた気がして。

笠井 いや、やっぱり……自分はがんにならなかったらこんな話もできなかったなと思いますよ。だって家族を見向きもしないで働いていた男でしたから。人生いろんな困難に直面して、落ち込んだけれどもそこで得るものが絶対にあるので、それを貯金していくっていうね。ちょっとしたことからでいいから、このどん底でもいいことあるじゃないかって、そこからスイッチを切り替えていくっていうことがやっぱり大切なんだなって、大病してわかりました。

志村 あ〜、本当にそうですね。大切なことって、とってもシンプルでしたね。そう、ご飯食べられたとか、朝を迎えておはようって言えたとか、そういうことがとっても大切なんですよね。

笠井 そうなんですよ。

志村 空が青いなぁとか、雨が降ってるなぁとか、その中に「生きる」がいっぱい入っているんですよね。
笠井　だから今皆さん、自分も含めて、人と会って食事することがこんなに貴重だったのかっていうことを、やっぱり再認識するわけですよね。自由に出掛けることができるとか、人と至近距離で大声でお話しできるとか、そんな当たり前と思っていたことが、とてもかけがえのないことだったって今気づくという。だから本当にこれでコロナがうまく収束すれば、濃密なコミュニケーションの時代がくると信じたいですし、そうなるんじゃないかなっていう期待感がありますよ！
志村　そうですね。その準備を始めたいですね。
笠井　人を排除している場合じゃないんですよ。人と繋がっていこうという準備をするっていい言葉ですよ、まさにそういう時期にしなきゃいけないの。
志村　とてもいいお話をありがとうございます。最後にね、明日を元気で迎えられるような、そんな言葉を皆さんにいただいてるんです。笠井さんにも一言いただいていいですか？
笠井　はい。がんになって、最悪の事態だなと思っている時でも、抗がん剤を大量に点滴して倦怠感や体のダメージを受けて最悪だなと思っている時でも、あ、今日これよかったなとか、これちょっと楽しかったなということがありました。どんなにどん底でも、人って楽しみとか喜びとかを、小さなものでも見つけ出せる力を持っていると思うんですね。ですから、じゃあ明日はどんな小さな喜びを見つけようか？　今日よりももうちょっとだけいいことを見つけられないかな？　本当に些細なことの積み重ねが明日への力となりますので、そうやって自分は明日に絶望ではなく、明日に期待しながら病室では過ごしていましたし、今でもそうです。嫌なことがあっても、いや、これだけ嫌なことがあったら明日はもうちょっといいだろうと。そしてそれを自分で見つけようと思いながら翌日を迎えるようにしていますので、皆さんも、今日よりもちょっとだけいい明日に期待して、今日はお眠りください。

志村　笠井さん、元気になってくれてありがとう。

笠井　本当に、そう言っていただけると嬉しいです。自分自身のことなんですけども、入院中に自分一人の生き死にの問題じゃなくなってきたなってことを痛感した時期がありました。「ごめん、やっぱり負けました」っていうのは、自分の人生ではもう有り得ないんだなと。悪性リンパ腫の仲間たちや家族の皆さんに絶望を与えてはいけないと。ステージ4でも戻ってこられました、という自分を見せることが使命であるという別の力が湧いたのは、SNSの皆さんの言葉だったので、治ってくれてありがとうって言葉は、素直に自分自身に対する褒め言葉として受けたいと思います。

笠井信輔（かさい・しんすけ）　東京都出身。フリーアナウンサー。フジテレビに入社後、ワイドショーや情報番組のキャスターを長年務め、２０１９年よりフリー。悪性リンパ腫を患い、４ヶ月半の入院、治療で完全寛解となり、仕事復帰。趣味は映画鑑賞、舞台鑑賞。主な著書に『僕はしゃべるためにここ（被災地）へ来た』『生きる力』など。

痛みを内包しながら生きていく、
人間の力強さや希望

コロンえりか（音楽家）

聞こえなくても楽しめる、見える音楽

志村　えりかさん、オラ！

コロン　オラ〜！　季世恵さん！

志村　明るい気持ちになります。

コロン　ふふふふ〜。

志村　先日、ホワイトハンドコーラス（障害の有無に関わらずすべての子どもが参加できる音楽活動）の皆さんにこのダイアログの「対話の森」にいらしていただいて。見えないお子さんたちと聞こえないお子さんたちが、一緒にコーラスをしていらっしゃるんですよね。

コロン　はい。その中で見える子とか、聞こえない子のきょうだいとか、発達障がいがある子とか、いろんな子が一緒に何か繋がれる方法はないかなあということで、ホワイトハンドコーラスでは音楽を使って子どもたちがインクルーシブに関わる場所を作っています。みんなでここへ遠足にくるのをもう本当に行く前から楽しみにしていたし、終わったあとも、まだものすごい熱が冷めていません！（笑）

志村　それは私たちも同じです！　「ダーク」のアテンドも「サイレンス」のアテンドも、みんなパワーをいただいて。

コロン　いやぁ、嬉しいですね。ベネズエラでハンドコーラスのコンサートをやった時に、観客の3分の1ぐらいが耳の聞こえない方で、もともとその町は公害の影響があって耳の聞こえない方が

とても多くって、その方たちとどういうふうに関わっていけるかっていうことでホワイトハンドコーラスが生まれたんです。

志村　あーそうだったんですね。

コロン　コンサートを見ながら、見える音楽というか、子どもたちが白い手袋をして手で音楽を表現してるのを真似して、その人たちも一緒に楽しんでくれていることにすごく感動した経験があったんです。この前もこの「対話の森」でサイレンスのアテンドの皆さんが一緒に手で歌ってくださっているのを見た時に、なんか涙が出てきてすっごく嬉しかったです！

志村　楽しかったですね～！　私も見よう見真似で手で歌わせてもらって、手で歌えるんだなあ、体中で歌っているんだ、という気持ちになって。

コロン　ありがとうございます。あの歌は実は聞こえない子どもたちが一生懸命、想像力を働かせながら、歌詞を動く絵のような感じで表現しているんです。例えば「晴れた空」という歌詞は、歌う人は「晴れた空」としか歌えないんですが、手話を使った手歌《しゅか》で表現する時は、「晴れているっていうことはその前にきっと雨が降っていた。雨が降っていたあとに晴れた空だからきっと虹が架かっているだろう」っていうことで、「虹の空」って表現するんですよ。そういうふうに一つの言葉や一つの文化からまた別の世界にそれを訳す時に、心と頭と感情を使わないとできない作業があって、その作業を子どもたちとしていると、私はもともと音楽家なんですけれど、聞こえない子どもたちから音楽についてすごく大事なことをいっぱい教えてもらってるんですよね。

志村　本当に素敵だった！　見えないお子さんと聞こえないお子さんの交流も素敵だったし、見とれました。

コロン　コンサートの時に一曲ずつ子どもたちが説明したんですね。「ともだちはいいもんだ」という曲で、「ともだちはいいもんだ めとめでものがいえるんだ」っていう歌詞で始まるんだけど、その歌を全盲の子が解説して、「目と目で物が言えるっていうのは、私にとったら友だちの声を聞いてその友だちが元気かなってわかるようなものかなと思って、歌っています」って言いました。それを難聴の子が手話通訳というか、手話で同時に伝えたんですけれど、声で話している子は手話が見えないし、手話で伝えている子は声がどのくらいのスピードなのか、いつ始まるのか、今何を言っているのかって全然わからない。だからお互いに全部言いたいことを覚えて、そしてLINEでメッセージを送って、まずその声で話している様子をビデオで送って、口の動きを見ながらそのテンポを耳の聞こえない子が学んで、学校帰りに二人で練習して何回も何回もタイミングを合わせてあの日やったんです。完璧に一緒に始まって一緒に終わって、すごいな！って思いました。

志村　私、すごくびっくりしたんですよ、この息の合い方はなんだろう？と思って。そんなことがあったんですね。

コロン　そう。一生懸命伝えたいことのために、暗闇の中でしっかりお互いの手を見つけてぎゅっと握りながら伝えてるっていう感じがしました。

分断を超えていく音楽という橋

志村　えりかさんは歌手であって、駐日ベネズエラ大使の奥様でもいらっしゃいますよね。そしてホワイトハンドコーラスの監督もしていらっしゃって、４人の子どものお母様でもある。

コロン　そうなんです。

志村　そもそもえりかさんは、どうして歌を歌おうって思われたんですか？

コロン　私の両親が音楽家で、子どもの頃から音楽がとても身近にあったんですけれど、15歳の時に阪神淡路大震災があって、自宅も全壊になって、私は言葉が話せなくなったんです、その時に。

志村　その頃は関西のほうにいらしたんですね。

コロン　そうなんです。何人かの友人たちと再会して、避難所でなんとなく歌を歌い始めて、ピアノも何もないからグレゴリオ聖歌を歌っていたんですね。そしたら聴いてくださる方たちも歌っている方もお互いに涙を流していて、言葉がいらないというか、もう言葉以上のものがその空間に満ちているのが見えた気がして。その瞬間に、音楽っていうのは目に見えないものだし触ることもできないし、その瞬間瞬間で消えてしまうけれども、見えないけど確かにある力っていうのをすごく自分でも感じて、私はこの音楽の力に一生を捧げたい！と、その時に強く思ったのが原体験としてあります。子どもたちや妊婦さんの前で歌ったり、もう命がそんなに長くない方の所で歌ったり、いろんな所で歌う時に、言葉が通じなくても年代が違ってもお互いに抱えているものが違っても、やっぱり音楽があれば人と心で繋がれるんだなっていうのをすごく感じていたんです。

でもよく言われる「音楽は世界共通の言語」って聞いた時に、じゃあ耳の聞こえない人はどうなんだろう？という疑問がちょっと湧いてきたんですね。それで、大学で「耳の聞こえない人と音楽」というテーマで論文を書きました。ベネズエラの「エル・システマ」という、すべての子どもが無償で音楽教育を受けられるプログラムがあって、その中に耳の聞こえない子どもたちも音楽をできるプログラムを見た時に、あ、これだ！　これをやりたい！と思って、２０１７年から日本で「ホワイトハンドコーラス」をやっています。

志村　私がすごいと思ったのはね、ご自身が歌を歌っている時に、「耳が聞こえない人はどうしているんだろう？」って、知り合いがいるわけじゃないのに思いを馳せることができること。素敵だなって。

コロン　いや、もう単純な疑問だった。ひねくれてるだけだと思います（笑）、世界共通の言語って、本当に？って疑ってかかって。

志村　でも、そういう社会的なミッションみたいなのはどこから生まれてきたんですか？　世の中を見ているその眼差しとか。出されたＣＤにも「BRIDGE」ってありましたよね、タイトルが「橋」。人と人の間を架ける橋……。

コロン　うーん。私は小学4年生の時に日本にきて、ベネズエラで生まれ育ったんですけど日本人の母親がいるし、私は日本人でもあるんだぞ、イェイイェイ！っていう感じでベネズエラでも生きていたので、日本にくるのをすごく楽しみにしてたんですよね。で、日本にきて最初学校に行った時、まだ日本語はそんなに話せなかったんですけど、まわりの子たちが私を指さして走って逃げるので、よくよく聞いてみたら、私は目の色が違うので「えりかの目を見たら腐る」って言ってみんな逃げていた。たぶん、初めてハーフの子が転校してきて、まわりもどうしていいのかわからないし、私も日本語を話せないのに日本人のつもりでテンション高く入っていったので、すごいいじめがあったんですね。もうとにかくその場所を乗り切るためには、完全に日本人になるしかないっていう気持ちでした。みんなと同じにならなきゃいけないっていうのがすごくあって、大学時代までは本当にいろんな方法でラテンだった自分を消して、「日本人として生きるぞ」と、すごくがんばったんですよ。でもどんなにがんばってもどうしても到達できないところがあって、まあやっぱり見た目は変えられないし。ここまでがんばったけど無理だったわーっていうのに22歳ぐらいで気がついて、もう開き直ることにしたんですね。

志村　そっか……。

コロン　その時に、やっぱり人の心の中には相手と違うこととかに対して見えない壁がすごくいっぱいあるんだなって思いました。今、このコロナの問題はみんなに困難な状況を与えてもいるんですけれども、一方でみんなが共通で持っている問題っていうのを世界中が与えられたことによって、一緒に乗り越える頼もしさとか、一緒に協力できるんだという喜びとか、経験できるすごく大きなチャンスかなとも思っていて。CDの収録があった頃は、まだコロナのことは誰も想像していなくて、ベネズエラでも政治的な分断とか、私が日本で経験した多様性を受け入れるのがしんどいという分断とか、どうやったらこの分断を乗り越えて向こう側に行けるんだろうって思った時に、やっぱり私にとってはそれが音楽でした。どんなに政治的に考えが合わない人でも、音楽を聴いている間は、お互いの故郷を思いながら浸れるとか、音楽がそういう分断を超える「橋」なんだなと思って。それを私は目指したいと思って音楽家になったので、CDに「BRIDGE」と願いを込めて付けました。

志村　そうか……、分断に橋を架ける。

受け入れると新しい扉が開く

志村　……私、涙が出てきちゃった。

コロン　暗闇、危険ですね。なんだかいろいろしゃべっちゃう（笑）。

志村　大切なお話をしてくださってありがとうございます。きっとラジオを聴いてくださっている方たちの中には同じような痛みを持っている人もいると思うんですね。やっぱりいろんな分断があるから、今のお話はきっと心に染み入っていると思うな。22歳でラテンに戻ったんですね、きっと。

コロン　はい、もう諦めました（笑）。

志村　諦めて受け入れちゃうと、そこからまた新しいドアが開いたりしますよね。

コロン　そうですね～。本当諦めるのって大事ですね。

志村　うーん、私もそうだったよ。私は家庭内に分断があって、母親が違うきょうだいと一緒に暮らしてたんだけど、お母さんが違うっていう分断がすごく大きくて、でもどうしても受け入れてほしくて、姉たちに、どうして愛してもらえないのかな？と聞いたのね。そうしたら「お母さんが違うから無理だ」って言われた時に、血縁というものがそれだけ分断のもとになるのかと感じてね、もしかすると民族もそうかもしれないって思ったりして。私の場合はね、みんなが死ぬ頃までに「季世恵ときょうだいでよかった」って思うまで、まいっかと思って諦めたというか、無理して何とかしようと思わなくてもいいやって思ったら、ドアが開いた感じになったの。

コロン　あー、そうなんですね。

志村　諦めじゃなくて受け入れなのかな、「まいっか」ってね。

コロン　そうですよねー。日本ってみんなすごいがんばっちゃうから、電車も時間通りに着くし。

志村　丁寧にきっちりと守られて、だから私たちは暮らしていけるんだけど。ベネズエラの皆さんは、電車がこなかったら「まいっか」と思ってお家に帰るんでしょうね。

コロン　そう、今日は無理だったーっていう感じで。もちろん時間を守るとか、素晴らしいことなんですけど、その一方で、私たちはこの自然の中で生きていて、自然の摂理から逃げることはできなくて。体の中にも時計が入っていて、速く進む時もあればゆっくり心臓が波打つ時もあるし。そのところで自分のあり方っていうのに心地よくいられるっていうのは、決して怠けることではなくて、生きている時間をちゃんと自分で味わって食べるっていうのは、すごい大事なことなんじゃないかって最近すごく思いますね。

志村　丁寧になるものね、感じることができて。私ね、もう一つマリア様の歌のことをお聞きしたくて。コロンさんが歌っていらっしゃる。

コロン　はい。その曲は私の心の一番奥にある一番大事な曲なので、聞いてくださって嬉しいです。「被爆のマリア像」というマリア像が長崎の浦上天主堂という爆心地から500メートルしか離れていない、当時アジアで一番大きな天主堂にあって。隠れキリシタンの時代から長い歴史を経て、やっと信仰の自由を得られた明治時代になってから信者さんたちが30年かけて建てた教会に「無原罪のマリア像」が捧げられていたんですが、8月9日の原爆によって浦上天主堂が倒壊して、神父さんや信者さんたち多くの方が亡くなったんだそうです。当時の信者さんの一人に14歳の時に北海

post card

料金受取人払郵便

浅草局承認

8037

差出有効期間
2024年
6月30日まで

111-8790

051

東京都台東区蔵前2-14-14 2F 中央出版
アノニマ・スタジオ
暗闇ラジオ対話集 係

本書に対するご感想、メッセージなどをお書きください。

このはがきのコメントをホームページ、広告などに使用しても 可 ・ 不可 （お名前は掲載しません）

暗闇ラジオ対話集

230604

この度は、弊社の書籍をご購入いただき、誠にありがとうございます。今後の参考にさせていただきますので、下記の質問にお答えくださいますようお願いいたします。

Q/1. 本書の発売をどのようにお知りになりましたか？
□書店の店頭　□WEB, SNS, ラジオ（サイト名など　　）
□友人・知人の紹介　□その他（　　）

Q/2. 本書をお買い上げいただいたのはいつですか？　年　月　日頃

Q/3. 本書をお買い求めになった店名とコーナーを教えてください。
店名　コーナー

Q/4. この本をお買い求めになった理由を教えてください。
□著者・対談者にひかれて　□タイトル・テーマにひかれて　□デザインにひかれて
□その他（　　）

Q/5. 価格はいかがですか？　□高い　□安い　□適当

Q/6. 暮らしのなかで気になっている事柄やテーマを教えてください。

Q/7. ジャンル問わず好きな作家を教えてください。

Q/8. 今後、どのようなテーマの本を読みたいですか？

Q/9 ラジオ番組「ダイアログラジオ・イン・ザ・ダーク」をご存知でしたか？
□はい　□いいえ　□聴いている／聴いたことがある

Q/10. ダイアログ・イン・ザ・ダークをご存知でしたか？
□今回初めて知った　□知っていたが体験したことはない　□体験したことがある

Q/11. アノニマ・スタジオをご存知でしたか？　□はい　□いいえ

お名前　ご年齢

ご住所　〒　ー　ご職業

e-mail

今後アノニマ・スタジオからの新刊、イベントなどのご案内をお送りしてもよろしいでしょうか？　□可　□不可

ありがとうございました

アノニマだより

アノニマ・スタジオ 20周年特別号 40

アノニマ・スタジオは、
風や光のささやきに耳をすまし、
暮らしの中の小さな発見を大切にひろい集め、
日々ささやかなよろこびを見つける人と一緒に
本を作ってゆくスタジオです。
遠くに住む友人から届いた手紙のように、
何度も手にとって読みかえしたくなる本、
その本があるだけで、
自分の部屋があたたかく輝いて見えるような本を。

これは、アノニマ・スタジオの本に
ひっそりと入っていることば。

本の種をかんがえている時、
本を作っている時、
本になってから読んでいる時。
何度も目にして読み、
あるときは唱えたり祈ったり、
いつもかたわらにあることばです。

アノニマ・スタジオは、
2003年にスタートし、今年で20周年を迎えます。
本にかかわるすべての方に感謝申し上げます。
このことばをまんなかにして、一冊ずつ、
これからも本を作って、お届けしていきます。

アノニマだよりは、読者のみなさまと
アノニマ・スタジオをつなぐお手紙です。
新しく作った本、おすすめの本、
作っている本のことなどをご紹介します。
アノニマ・スタジオの本が、
あなたの暮らしの中の大切な時間を見つける
お手伝いになれば、と思います。

20th

20周年
特集ページ

アノニマ・スタジオの本

二〇二三年 春

「おまけレシピ」が待望の書籍化！ 141メニューの読む料理本

暦レシピ
高山なおみ
定価1760円（本体価格1600円）
ISBN978-4-87758-842-7

料理家、文筆家の高山なおみさんの人気日記エッセイ『日々ごはん①』から『帰ってきた日々ごはん⑫』24巻分の「おまけレシピ」141メニューを月ごとに収録した料理本です。旬の食材、友人のレシピ、旅先で知った味など、住む場所や生活とともに、料理も変化しています。少ない食材でシンプルな調理法、ポイントが腑に落ちる1レシピ見開き完結の構成。食べたいものが自然とみつかる、味わい深い一冊です。台所道具の絵は高山なおみさんです。

デザイン・川原真由美
写真・上山知代子

世界が立ち止まっても、暮らしや時間は止まらない。「ごはんとくらし」を体現する日記エッセイシリーズ最新刊！

帰ってきた日々ごはん⑬
高山なおみ
定価1430円（本体価格1300円）
ISBN978-4-87758-845-8

2020年1月～6月の日記を収録。コロナ禍になり、『自炊。なににしようか？』（朝日新聞出版）や『本と体』、絵本の制作にのめりこむ日々。前巻12巻（2019年）に90歳になる母親との別れを経験し、喪失感を抱えながらも創作や料理に打ち込む日々を綴ります。恒例のアルバムや「おまけレシピ」、「スイセイごはん」も収録。装画は日記にも登場する絵本作家、山福朱実さんの力強い木彫画です。

編集室から

●季節ごとに楽しめるお菓子の料理本『私の家庭菓子』が好評の内田真美さんの新刊を制作中です。甘いもの好きな人々と「甘いもの」と「喫茶」について、とことん語り合う対談本です。●暗闇のなかで視覚以外の感覚を使ってコミュニケーションを体験する「ダイアログ・イン・ザ・ダーク」。その暗闇で収録されたラジオ番組を書籍化。志村季世恵さんとゲストによる心と心の「対話集」をお届けします。●植物観察家の鈴木純さんによる、子どもを観察してきた記録をまとめた本を制作しています。意外、不測、不覚の連続の子育ても、観察の眼を持つともっと楽しめる！●アノニマ・スタジオ20周年の特集はHP上でも公開をしています。どうぞご覧ください。

イラストレーション／ハシグチハルカ
アートディレクション・デザイン／関宙明（ミスター・ユニバース）

アノニマ・スタジオ
〒111-0051 東京都台東区蔵前 2-14-14 2F　tel.0120-234-220　fax 0120-234-668
www.anonima-studio.com　info@anonima-studio.com

アノニマ・スタジオの書籍は全国の書店でお求めいただけます。お近くのお店に在庫がない場合は、ご注文ください。ご注文の際に ISBN コードをお伝えください。発行は「KTC 中央出版」です。
アノニマ・スタジオ オンラインストアでもお求めいただけます。
●雑貨店など小売店の方へ
アノニマ・スタジオの本をお店で扱ってみませんか？
くわしくはアノニマ・スタジオホームページ内「書店・雑貨店様へ」をご覧ください。

TABISURU T

「旅する灯台」1号、2号はいずれも美術作家の前川秀樹さんによる作品です。現実世界ではいつも同じ場所にあって、海辺から船に向けて進路を示すのが灯台の役割ですが、その灯台が「旅する」というアイデアは、アノニマ・スタジオ創立者の丹治史彦氏と一緒に話しながら浮かんできたもの。ふたりでイメージをふくらませて、身近なデザインとは少しちがった、外国にあるような色合いの「1号」ができあがりました。1号の人気が高まり、旅のスケジュールが過密になってしまったため、続けてグリーンを基調としたカラフルな2号も制作していただき、現在は2灯がそれぞれ旅をしています。

素材として使われているのは、流木や廃材など、あちこち世界を旅して前川さんのもとにやってきた木材たち。新しい木とはひと味もふた味も違う風合いが、旅する灯台たちの来し方行く末への想像を広げてくれます。

灯台の制作から10年以上の時が過ぎ、ますます活躍の場を広げていらっしゃる前川さん。近年は仏像をテーマにした作品を多数生み出されています。ぜひInstagramアカウントもチェックしてみてくださいね。

【前川秀樹さんプロフィール】1967年淡路島生まれ。1989年武蔵野美術大学油絵学科卒業、1996年渡仏。彫刻・絵画・生活道具などで個展、グループ展を行い、ワークショップなども多数開催。2022年12月にはカイカイキキギャラリーにて個展「古雅──平安〜鎌倉時代の彫刻様式より」を開催。

InstagramID
@lolocaloharmatan
@hideki.maekawa_wamono
@h.maekawa_travail

灯台2号の人

灯台

BOOK MARKET

クやライブも見どころです。このイベントがスタートしたのは2009年、アノニマ・スタジオが蔵前にあるビルの一階をイベントスペースにしていたときから。一階の「キッチン&ガレージ」で開催したときは7社の出展で、回を重ねるごとに出展社が増え、2022年開催の第12回では50ブースに56の出展社が並ぶほどの規模にまでなりました。書籍のジャンルも、最初は料理本や実用書が中心でしたが、文芸や人文などさまざまなジャンルの本が並びます。第13回は、2023年7月15日(土)、16日(日)に浅草の台東館にて開催予定です。ぜひ会場にお越しください。

第12回(2022年)の様子

第1回(20

訳・伊丹十三

絵／クレメント・ハード
編／マーガレット・ワイズ・ブラウン
訳／みつじまちこ

呼びさますもの
ひとのこころとからだ』
稲葉敏郎

道のトラピスト修道院に入った野口嘉右衛門さんという方がいて、瓦礫の中で見つけたマリア像の頭の部分を大事に北海道に持ち帰って、30年経ってから再び浦上天主堂に戻ってきたんですね。そして2001年に浦上天主堂からミンスクという、チェルノブイリの事故があった町に被爆のマリア像を持っていって、同じ放射能の苦しみを受けた現地の方々と祈りを捧げるということで、マリア像が出発するその日、たまたま私は長崎にいたんです。人だかりができているのを見て、なんだろう？って覗いた時、頬が黒く焦げて目の中も空洞で、痛ましいマリア像にすごくショックを受けたんですよね。

いろんな痛みを抱えて生きる強さ

コロン　そのショックがうまく自分の中で消化できないまま、長崎原爆資料館に行きました。そこには「被爆したカシの木」っていうカシの木の幹が展示されているんですが、幹の部分があらわになっていて、ガラスの破片がいっぱい入っているんです。そのカシの木がまだ幼い細い木だった頃、原爆の爆心地の近くに生えていて、そこに四方八方からガラスの破片が飛んできて幹に刺さり、それでもその後ずっと生き続けて、一年一年年輪を重ねるごとにガラスの破片を全部包み込んで、内側に抱擁していきながら成長し続けたカシの木なんですね。被爆者の方の話とかマリア像のことがそこでビビーッと繋がって、戦争の体験も、自然災害も、いろんな痛みというものはそのカシの木のガラスの破片のように取り除くこともできずにずーっと内側にある。けれども生きているというだけで自分の気がつかないうちに人間も木のように年輪が少しずつ重なっていって、それこそがなんかすごい希望だなって感じたんです。この世の中から戦争もなくならないし、貧困の問題もまだ解決しないし、痛みはもしかしたらずーっと人間は抱えていかなければいけないかもしれないけれど、生きてきた人たちの力強さとか希望っていうものにすごく励まされたような気がしたんです。

この『被爆のマリアに捧ぐアヴェマリア』という形で父が作曲してくれて、いろんな所に行っては、海外に行く時も必ずこの曲を歌っています。平和への祈りということなんですけれども、平和はたぶん国同士の問題だけではなくて、自分の心の中の平和ということもあるし、それを私は被爆者の方たちからすごく教えていただいたので、またそれを次の方に伝えていけたらいいなあと思って歌い続けてます。

志村　大切なお話をお聞きできてよかった。そのガラスを内包しながらも育っていくっていうのは、とてもすごいことだなと思います。何もなくて育つのもいいと思うけど、でも痛みを内包しながら育っていく姿は勇気になりますよね。私たちみんなの。

コロン　本当に、そうだと思います。

志村　いつもゲストの方々にお聞きしているんです。明日の朝を今よりも元気な気持ちで迎える、そんな言葉をいただいているんです。

コロン　じゃあ、ベネズエラでよく言うフレーズをお送りしようかな。「まいっか」っていう話が出てきたんですけど、ベネズエラ人は物事を約束する時に、最後に「シ ディオス キエーラ（Si Dios quiera)」って言うんですね。

志村　シ ディオス キエーラ？

コロン　意味は「神様がそれを望んでくれたらね」っていう感じで。例えば明日3時に駅で待ち合わせねって言ったら、神様がそう望めばねって返すんですよ。

志村　へ〜！

コロン　自分のコントロールの効かない出来事でも何かに守られていて、いつも自分だけじゃないんだって思っているベネズエラ人のこの言葉は、もしできなかったらまあしょうがないね、まいっか。でももしできたら、あーよかったねって。神様もそれを望んでくれてたんだねっていうラテンな感じ（笑）。

志村　うーん、素敵〜！　すごく素敵な魔法の言葉いただきました。

コロン　いい日になりますように……！

コロンえりか　ベネズエラ出身。音楽家。聖心女子大学・大学院で教育学を学んだ後、英国王立音楽院、声楽科修士課程を優秀賞で卒業。イタリア、フランス、イギリス、日本でオペラやコンサートを行う。２０１７年よりホワイトハンドコーラスの芸術監督として耳の聞こえない子どもを含む、様々な障がいのある子どもたちに音楽を教えている。一般社団法人エルシステマコネクトの代表理事。４児の母。

しんどい時はやり過ごす。目の前のことすべてに向き合わなくてもいい

小島慶子《こじまけいこ》（エッセイスト・タレント）

ダイアログの経験を将来の宝物に

志村　慶子さん、いつもダイアログを応援くださって本当にありがとうございます。

小島　いえいえ、ご縁をいただいて嬉しいです。もう20年近いご縁ですもんね。

志村　20年前からダイアログをずっと大切に思ってくださって嬉しいんですけど、今回もクラウドファンディング（2021年2〜4月実施「応援求む！ダイアログミュージアム「対話の森」存続へ、今こそ #対話をあきらめない」）でもお世話になって。

小島　よかったですね！　いろんなクラファンに私も関わらせていただいたけど、達成した！っていう喜びをこんなに鮮やかに感じたのは初めてでしたね。

志村　ありがとうございます、おかげさまで。私たちはご恩返しを子どもたちにしたいと思っていて、5000人の子どもたちをダイアログにご招待できるんですけど、いろんなお子さんにきてもらいたいなと思っているんですね。ダイバーシティとか硬い言葉じゃなくて、いろんな人がいて友だちになれるんだなってことを知ってもらえると、将来の宝物になるかなと思ったりしているんですよね。

小島　お子さんたちってどんな感想が多いですか？　「ダイアログ・イン・ザ・ダーク」を経験すると。

志村　ダークの場合、暗闇で大人も子どもも一緒に遊ぶでしょ？　で、明るい所に出てくると、今まであんなに頼りにしていたアテンドたちのことを置いて出ていっちゃうんですよ、大人は。明るくなったからもう見えたと思って。でも子どもたちは置いていかなくて、アテンドとはもうお友だちだからずっとくっついて歩いていて、そしてここに椅子があるよーとか、ここはこうだよーって、暗闇の体験をそのまんまリアルに使ってくれるんですね。

小島　そうなんですか。可愛いですね！

志村　私がうるうるしちゃったのは、アテンドが見えない人だとわかっているから、「もし外で会った時に、おにいちゃんは僕のことが見えなくて気づかないだろうから、まずは僕が声を掛けるね。だからお兄ちゃんはちゃんと僕の声を覚えといて」って言うんですよ。

小島　あら優しい。

志村　なんか子どもってすごいなあーって、すぐに経験を今に生かせて将来に向かせるのは子どもの力なんだなと思うんですよね。

小島　そうですね。私はね、本当は日本で育ったお子さんは一回でもダイアログに行ったことがあるっていうのが当たり前になるといいなーと思っていて。小学校なり中学校なりどこかのタイミングで「行くよね、ダイアログ！」っていうふうになるといいなと思うんですよね。

助けてと言える世の中に

志村　慶子さんは、「ひとりじゃないよプロジェクト」をやっていらっしゃいますよね？

小島　そうなんです。去年から今年もずっとそうですが、コロナの影響で経済が停滞すると一番最初に打撃を受ける方っていうのは、やっぱり不安定な雇用でもともとあまり余裕のない状態で働いていらっしゃった方々ですよね。日本でも特に女性の非正規雇用の方が最初に打撃を受けて、今も実質的な失業状態にある女性の非正規雇用の方々というのは103万人ぐらいいるっていう記事も見たんですけど。

志村　はい、私も見ました。

小島　日本に女性の貧困っていうのはずっとあったんです。高齢女性なんて30年前から4人に1人はずっと貧困状態にあるんですけれど、そういうことってあんまり「女性の貧困」っていうタイトルでは語られてこなかった。でも去年の春に、例えばシングルマザーの方がずっとギリギリの状態でお子さんと暮らしていたり、単身者でもなかなか苦しい状況にいた方がコロナ禍で食べ物もどうしようかっていう事態になられているというのを聞きました。でもそういう時ってなかなか人と繋がる余裕はできませんよね。

志村　そうなんですよね。ＳＯＳの発信もできなくなってしまうんですよね。

小島　やっぱりつらいお気持ちとか、この状況をあまり人に言いたくないなぁとか、思ってしまうので。でもきっと困っている人はいるはずだと思っていたら、ＮＰＯをやっている友人たちから「今ものすごく支援を必要としている人が増えているんだけど、ボランティアにきていただくことができないから人手も足りないし、あと支援を必要としている人が増えた分ＮＰＯも資金が必要なんだけれど、それがなかなか難しい」っていう話を聞きました。それで、微力ではあるけれど、そういう女性と子どもの支援に力を入れている21団体のサイトをまとめて、ここからご自身が応援したいと思う団体に直接寄付ができますよというサイトを友人たちと作りました。こうして立ち上げたのが「ひとりじゃないよプロジェクト」なんですね。ちょうど1年ぐらい経ちます。

志村　1年経ってどうですか？

小島　サイトを訪れた人がそのまま直接自分が応援したい団体のサイトから寄付するという形なので、「ひとりじゃないよプロジェクト」を経由してどれくらいの金額が集まったということは詳しいデータが取れないんですね。それでも、参加団体の皆さんからは、普段とは違う地域の方や、「ひとりじゃないよプロジェクト」を見ましたという方からの寄付が増えました、と言っていただいています。本当に微力ではあるけれどお役に立てたならよかったなと思って。本当にコロナが終わるまでこのサイトはずっと続けていこうと思っているので、そして1年経って去年よりもっと厳しい状況の方もたくさんいらっしゃるので、ちょっと覗いてみていただけたら嬉しいです。

志村　ぜひとも。私もセラピストとして、いわゆる貧困家庭と言われているお子さんやお母さんとお会いすることが多かったんですね。本当に給食が唯一の楽しみだって言っていて、でもその給食のパンを持ち帰って、学校にまだ行けていない弟や妹に食べさせるんだとか。

小島　そうすると、やっぱり学校が休みになって給食がなくなってしまうとその分食費が掛かったりとか、ご家庭にとってもきついんですよね、負担が。

志村　そうです、本当に。そうなるともうお母さんも本当に気の毒で、小麦粉を水で溶いて、それを焼くことしかできないんだとか、そういうお家が本当にあるんですよね。その時にやっぱり「宇宙で一人ぼっちな気持ちになる」っておっしゃるんです。だけど、元気になったらまた違ったことができるようになるから、それまでは助けてもらって、やがて助けることもできるみたいな、そういう助け合いっこできるような世の中になったらいいですよね。

小島　そうですね。ある団体の方がおっしゃっていたのは、やっぱり今回のコロナ禍の特徴としては、それまで貧困と全く縁のなかった方々がお仕事がなくなってしまって、まさか自分が……という状況で本当に食べるものもどうしようかというところに追い詰められてしまい、それで孤立してしまうということが多いそうなのです。また、困った時には助けてって言っていいんですよ、ともおっしゃっていました。私たちがいますから、助けてって言ってくれたら、なんとかして必要な支援に繋ぎますから、それは恥ずかしいことでも何でもないから、助けてと言ってほしいと。そして自分が誰かを助けてあげられるようになったら、その時に今度は自分が助けてあげればいいのだからって。その言葉がとても温かいなぁと思って。心理的なハードルってすごく高いと思うんですよね、困ってる時ほど。

志村　はい、みんなもそう思っているんですよね。今って自分が困っているって言いにくい世の中になっちゃっているし、もっと簡単に助けるよ、助けてねって言い合える社会になったらいいなって。昔はね意外と簡単だったんですよ、私が子育てしている頃なんかは。もう約40年近く前ですけど、本当に知らない方たちが寄ってたかって一緒になって子どもを育ててくださったみたいな、そういう時代にまた進んでいったらいいな。

小島　そうですね。

立場が違うからこそできること

小島　季世恵さんはいろんな方のお話を聞いていらっしゃるじゃないですか。しんどいな、つらいな、困ったなとかって、そういう思いをご自身が抱えちゃってつらくなったりとかしないんですか？

志村　うーん、あのね、あんまりしないのね。解決に向かっていくことを一緒になって考えることができるっていうことだから、私はその人になれないじゃないですか。なろうと思ってもできないでしょ？　だからたぶんね、心を痛めるのと心を患うのって違うと思うんだけど、相手のことを考えすぎて自分まで患っちゃった場合は、お互いが破綻しちゃうんですよね、きっと。

小島　ありますよね、カップルとか夫婦なんかでもそういうことってね。近すぎて心配しすぎて一緒に病んじゃうみたいなこと。

志村　そう。でもそれは良くないことなので、私自身の足元はしっかりしているっていうポジションにいようと思うんですね。そうしないと一緒になってイライラしちゃうから。

小島　でも一緒に心は痛める。

志村　はい。もう少し言い方を変えると、痛めるというか、心は一緒にいる。一緒に考えてともに考える方向性を見ていこうということかな。そこで共倒れになるとお互い潰れちゃうから。

小島　大事なことですね。なるべく相手のしんどいところまで近づいていって一緒に苦しもうって思うと、本当につらさが移ってきてしまって励ませなくなっちゃうとか、私もかつて似たような経験があって。だからそこの距離の取り方がすごく難しくて、相手に孤独を感じさせず、突き放されたって思われないようにしながら、でも相手に引きずり込まれないような微妙な立ち位置で寄り添うって、難しい。

志村　よく同じような質問をいただくんですよ。私は末期がんの方のターミナルケアをしているので、特に若い看護師の方とかから聞かれるのが、患者さんから「あなたのような元気な人に自分の痛みはわからない」って言われた場合どうしますか？って。でもそんなこと言われた経験ないんですよ。でももし、そうやって言われた場合は「そうですって言ったらいいよ」って言うようにしてるのね。

小島　へ〜。

志村　なぜかというと、「私は今元気だからあなたの看護ができるんだ」ってなるでしょう？　だから、同病相憐れむとは違っていて、違ったポジションにいるからこそやれる役割があるんだってことを尊重しようってお伝えしているんですね。

小島　あー、素晴らしい！　そうですよね！　それこそ、「ひとりじゃないよプロジェクト」をやっていても思うんですけど、なかには本当に経済的な苦境を経験したことがない人がいい気分になるためにやってるんじゃないか！とか、口先だけ「一人じゃないよ」とか言ってるけどあなたには実感なんかないじゃないか！っていう声もあるかもと思うと、そう言われても仕方がないかなって、すごく罪悪感というか後ろめたさを感じることもあったんですよね。それでも自分になにかできることがあるんだったら、いろんな人がいろんなこと言ってもあんまり気にせずにやろう！とは思ってきたんですが、今の季世恵さんの話ですごく納得した。そうだよね〜。

志村　そうそう、同じような立場になったら、自分も同じように助けを求める人になるわけだから。今は助けることができるんだったら、助けるほうに回る。でもきっと自分が困る時はくるから、そういう時は助けてねっていうふうにする。お互い様の関係を本当に大事にすることが、続けることになるのかなと思うんだけどな〜。

小島　いやぁ、本当にそうですね。
志村　慶子さんは、この1年間をどう過ごしていらしたんですか。
小島　夫と子どもたちはずっとオーストラリアなので、もうこの1年以上ビデオ通話だけが家族との会話なんです。
志村　どうやってるの？
小島　けっこう長い時間繋ぎっぱなしにしておくんですよ。例えば夜ご飯食べて、食べ終わったあと誰かの部屋に連れてってもらうんですね、タブレットを。
志村　あー、そっか～！
小島　画面の向こうで息子はベッドにひっくり返ってゲームやってたりとか、夫はパソコンに向かっていたりとかして、私はこっちで洗い物や書き物してたりして、お互いに違うことをやっているんですけど、でも画面を通じてなんとなく音も聞こえるし、呼べばこっちを振り向いてくれるっていうね。時差が1時間しかないので。
志村　そうか～、すごく素敵。
小島　そうなの！　あれ、これって同じ家の中にいる時とそんなに距離感変わらないかもって（笑）。そばに行ってハグすることはできないし、8000キロも離れているけど、大きい家の中に一緒にいるみたいな感じだなと思って。しゃべっていなくても、その空間が繋がっていたり気配を感じ合う時間っていうのは大事なんだなってわかりました。人と人を繋いでいるのは言葉じゃなくて気配なんだなってことが、この1年でわかりました。

志村　じゃあ、お子さんたちも寂しくないね。そりゃあ会いたいだろうけど。

小島　でもね、寂しさで繋がる関係っていうのもあるんだなーと思うと、寂しさは別に悪いことじゃないんだ。会った時にお互いに会えたー！って喜んで抱き合えばいいわけで、寂しい時間があること自体は別に悪いことじゃないなって思いましたよ。

志村　あー、それすごく素敵な言葉ですね。

誰かの一言に救われることもある

志村　慶子さんはいつも忙しくてお仕事も本当にいろいろやっていらっしゃるけれども、たまに疲れちゃったりとか、あーもうダメかもって思う時はどうやって元気を取り戻したりしてるの？　なにか方法ありますか？

小島　私、めちゃくちゃヘタれますね。

志村　ヘタれる時あるんだ。

小島　ものすごく弱虫なんです、私。夫に泣き言を聞いてもらうこともありますし、夫も寝ちゃってる時間にどよーんと沼に落ちてしまうと、一人で三角座りして泣いたりしています（笑）。丸まって……。

志村　それわかる、私もある！

小島　え、ある!?　季世恵さんもそんなことある!?

志村　あるある！　けっこうある。三角座りしてる（笑）。

小島　その時になんかおまじないを唱えて元気になれたりとかしたらいいんですけど。でもね、本当に落ち込んで、それこそ消えてしまいたいような気持ちの時には、未来の自分がそばにいるのかもしれないって思う時があります。私、小学校2年ぐらいの頃、いじめられてたりとか、あと両親が夜遅くまで外出という時とかに、怖くて夢遊病みたいに泣きながらお家の中を歩いたりしていたことがあったんですよ。それを40代になってからハッと思い出して、その2年生だった慶子ちゃんのそばに行って、「怖いよね、でも大丈夫だよ」と言ってベッドまで連れていって寝かしてやったんですよ、頭の中で。

志村　そう。

小島　そしたら、不思議と涙が出てね。あー、今の私がたぶんあの時の2年生の私のそばにいたんだなって思いました。

志村　そっかー。

小島　だから今も、一人ぼっちだと感じて三角座りしている時も、もしかしたら今私の隣に未来の私がいたりするのかな、と思ったりすることはありますね（笑）。

志村　ラジオを聴いてくださっている方たちが明日、「今日はなんだかいいじゃん」って思えるようになるには、どうしたらいいんだと思う？

小島　1週間の始まりって憂うつですよね。そんな時、私が必ず声に出して言うことがあるんですよ。「始まれば終わる」って……（笑）。月曜日が始まって、あー、これから1週間かー！って思うけど、始まったらあとは終わるだけですからね。そうやって、しんどい時はやり過ごすこともいいと思うしね。目の前にくること全部と向き合わなくても、あーもう始まったんだからあとは終わるだけ！って、自分を楽にさせてあげることが大事な時もあるかなっていう気がする。あと、明日なにがあるかは誰にもわからないので、ものすごく感動的ななにかが起きなかったとしても、通りすがりの誰かが元気になる一言を言ってくれることはあると思います。

私、産後にうつだった時にね、初めて産んだ子どもを満1ヶ月で外に連れ出した時に、もう不安と憂うつでさめざめ涙が出るような状況だったんですけど。コンビニに行く途中で、通りすがりの名も知らぬおばさまが、「あら、赤ちゃん可愛いわね！　産まれたばっかりなの？」とか言って、「はい……今日で満1ヶ月なんです」って言ったら「もう今大変でしょ〜寝られないしね〜。でも大丈夫よ、ちゃんと楽になるからね、だんだん楽になるからね〜。でも可愛いわね〜よかったね、じゃあね」って言っていなくなっちゃったんです。その人はたぶん、私とその子どものことはもう忘れていると思うんですけど、私は一生忘れない、命の恩人だって思っています。私が言ってほしいことを通りすがりに言ってくれた！って。その人はたまたま言っただけだと思うんだけど、でもそうやって助けてもらうことって、ある気がして。

志村　本当にね。

小島　だから、今ちょっとどんよりした気持ちだったり元気がなかったりする人もね、明日になってみたら誰かが元気になる一言を言ってくれたりするかもよ？って思います。

志村　いっぱい素敵なお話をいただきました、ありがとうございます。

小島　ありがとうございました。季世恵さんとこんなにじっくりお話しできたの、今回初めてだったのですごく嬉しかったです。

志村　私も嬉しかったです。これからもよろしくお願いします。

小島慶子（こじま・けいこ）

オーストラリアで生まれる。エッセイスト、タレント。ＴＢＳ入社後テレビ・ラジオに出演、２０１０年よりフリーとなり執筆・講演など活動の幅を広げている。２０１４年より、家族が暮らすオーストラリアと日本を行き来する生活。東京大学大学院情報学環客員研究員、昭和女子大学現代ビジネス研究所特別研究員、ＮＰＯ法人キッズドアアドバイザー。

食べる楽しみを広げてくれる、味覚と記憶と言葉

間《はざま》　光男《みつお》（フレンチシェフ）

お互い様で協力し合える関係

志村　間さんと初めてお会いしたのは２０２０年の夏でした。

間　はい、そうですね。

志村　この「アトレ竹芝」がオープンしてそろそろ1年経つんですけど、コロナ禍で私たちはオープンをし、耐え忍んでがんばってきているお仲間だと思ってるんです。

間　そうですね。私、このテナントの皆さんで会った時に、本当に竹芝村っていうような感覚をすごく感じたんですね。昔の村って、とってもいいことがたくさんありますよね。みんなで協力し合ったり、田植えもそうでしょうし、屋根のふき替えもそうでしょうし、そういう感覚を僕はすごく感じたんですね。ですから何とかみんなで協力し合って村を盛り立てたいなって、そんな感覚がすごくあって。出店者の懇親会の時にちょっとご挨拶をさせていただいて、そのあとに季世恵さんに親しく声を掛けていただいたじゃないですか。

志村　あの時のご挨拶が本当に素晴らしくて。昔でしたら長屋でね、醤油貸してとか、塩貸してとか言ってお隣さん同士で助け合うような暮らしがあったと思うんですけど、でもそれがこの場で実現するんだなっていうふうに本当に感じた瞬間だったんです。私たちの所には常に目が見えない人や聞こえない人たちが大勢いますので、助け合いがないと本当にやっていけない、そういう職場でもありますけど、助け合いっていうのは弱い人が助けられるだけじゃなくって、お互い様ってことが大事だなと思っているんですね。それが本当にこの竹芝のアトレの村から、そして竹芝のエリアとか浜松町とかに広がっていって、あ、昔ってこうだったよね〜ってならないかなと思っていたんです。だからそれを間さんがおっしゃってくださった時に本当に嬉しくて。

緊急事態宣言で私たちも仕事ができなかった時、エントランスでスタッフたちがミーティングしていたそうなんですね。その時に間さんが、美味しいお菓子を差し入れてくださったって……涙が出るくらい嬉しかったと、スタッフが申していました。

間　私はちょうど仕事を終えて帰る時だったんですね。で、ガラス越しに皆さんが真剣な顔でなにかを考えていらした。それを見た時に、急にドンと感情が出てきたわけですね。なにかわからないけれども、この皆さんになにか食べていただきたいっていう、そういう感覚だったんです。

志村　それが勇気に繋がるんですね。もうダメかもしれないと思う時に、その温かさとか思いやりというのは、人に強い気持ちや勇気を与えてくださるんだなということを、本当に感じた瞬間だったんです。でも飲食業界の方って今本当に大変だと思うんですけど、ご自身だけじゃなくてまわりのことも見てくださっている。それを感じた時に、間さんの話をこの暗闇でうかがいたいなと思ったんです。

間　そうですね。やはりコロナ禍になって、ありがたいなって本当に思ったこともありましたし、あぁ悲しいなと思ったこともありました。コロナの感染拡大の中で飲食業がその感染の原因になっているような、そんな報道があった時期がありましたよね。

志村　そうでしたね。

間　あれを聞いた時にはすごく、悲しいというか、残念な気持ちになりましたね。でもそれと同時に、今度は応援してくださる方がいたりですね、そういう人たちの「がんばってね」とか「応援してるよ」っていう言葉に、その一言一言に救われた……という1年でした。また自分に何かできることが少しでもあれば、今度は役に立ちたいと強く思った1年でもありましたね。

心と体を回復させる食事の役割

志村　具体的にはどんなことをされましたか？
間　外国からオリンピックの観客の皆さんがいらっしゃるから、それに向けて美味しい牛肉作ろう！　育ててあげよう！ってがんばってきたのに急に延期になって、行き場を失った高級食材や大切に育てられた食材、いろんなものが本当に宙に浮いてしまったんですね。
志村　そうでしたよね。
間　そこで、生産者、それからお客様にまず喜んでいただくこと、そうして動かすことで私たち飲食店がもう少し良くなるような施策ができないかということで、昔から近江商人が言っていた「三方よし」って言葉がありますよね。
志村　ありますね、三方よし。
間　私は自分の会社に「これからは三方よしでやるぞ」と言いまして。芝浦の精肉業者さんや豊洲の水産業者さん、いろいろな所に応援している生産者さんがいまして、その中でアワビを養殖している業者さんも応援してるんですね。そこは障がい者の方々が一生懸命水槽を洗ったり、餌をあげたりして、アワビを育てているんです。とにかく誰かが料理にしてお客様に届けないと回っていかないわけですよね。なので、本当に破格値で高級食材を全部入れたコース料理を作りましてね、もちろん私たちの利益は薄いですけれども、ちゃんと利益も頂戴しました。コロナ禍での飲食店の取り組みってことで取り上げてくださるメディアもニュースもあって、多くの皆さんの知るところになって、たくさんのお客様にきていただくことができて、お肉屋さんも魚屋さんも、いろんな業者さんにも喜んでいただきました。

志村　お客様も喜ばれてましたよね。私もフェイスブックでシェアをさせていただいたんですけど、友人が本当に美味しかった！って。その高級な本当に美味しいお料理をいただいた時に、肩こりが楽になったぐらい、深呼吸ができたって言ってました（笑）。

間　あ〜そうですか！　まさに今、季世恵さんがおっしゃったこと、それがレストランの本来の役目なんですね。

志村　あー！

間　レストランって語源がレストゥール（restaurer）というフランス語で、それは回復させるとか修復させるっていう意味があるそうなんです。ですから美味しいものを食べて、皆さんと会話を楽しんで、いろいろな疲れが取れたり、あるいは少し気落ちしていたのに明るくなったり前向きになったり。僕はそれが一番レストランの大切な役割だと思っているんですね。それが少しでも果たせたのならば、嬉しいですね。

志村　レストランって、人を幸せにするし、心も元気にしますね。私は最近家族でTERAKOYA

さんにうかがいました。間さんがやっていらっしゃる、小金井にあるとっても素敵なレストラン。

間　ありがとうございました。

志村　母が重い病にかかっていまして、食事がなかなか取れないんですね。ちょっと強い治療を始めなきゃいけない時に、その前日に母を連れていきたいと思いまして、家族でおじゃましたんです。母はもう食が細くなって食べることが難しくなっていたんですけど、コースをペロリと完食しました（笑）。「美味しい〜！」って言った笑顔と、いただく時のそのかみしめている喜びの顔が本当にいいんですよね。体の回復と心の回復と幸せをいただいたなと思います。本当にレストゥールでした。

間　よかったです。

志村　本当に斬新で見た目もとっても綺麗なんだけれども、でも、新しいのに懐かしいんです、お味が。

間　僕は新しい料理を考えるけれども、伝統を否定するというわけではなくて、それこそ初代の祖父の作ってきたものもとても大切にしていますし、新しいほうがいいんだということは全然考えてないんですね。よくイタリアのマンマの味とか、日本でおふくろの味って言いますよね。やっぱり安心できる味、懐かしい味、こういったことを大切にした上で、そして構想、構成していく、作っていくっていうことが大切なのかなと思っているんですね。最初から最後まで新しいものばかりだとお客様はたぶん疲れてしまうと思うんです。

志村　あー、そうですね。

間　でも逆に、伝統的なクラシックなものばかりだと、今度は知的好奇心を満たすことはできない。

え、これ何？　どうやって作るの？　すごいね！って思ってもらうような料理もしっかりコースの中に入れて、できればその一つのコースが、まあ一幕のオペラや劇のような、そういう感覚で召し上がっていただけたら僕は嬉しいなと思っているんですね。

志村　人は本当に食べ物で元気になるんだなってことをあらためて知りまして、命は食べ物で生かされているんだなってことをものすごく感じました。

間　本当にそうですよね。やっぱり人は食べるものでできている。そして、どんなものを好んでどんなものを食べてきたか。それによってその人の人格ですとか、意思というものにもいろんな影響があるんじゃないでしょうかね。

味わうことで広がる味覚の幅

志村　間さんは、小さい頃はどんなものを召し上がっていらっしゃったんですか？

間　祖父も父もお酒が好きでしたし、お酒のアテのような珍味みたいなものがやっぱり食卓に並ぶんですね。普通ですと子どもの食べるもんじゃないって言われると思うんですけど、祖父も父も少しずつ、いろんなものを食べさせてくれました。このわたとか、塩辛とか、あまりちっちゃい子が食べないようなものでも、味わって食べなさい、たくさん食べるものじゃないけどもちょっと食べてみてごらんっていう、そういう感覚でしたね。私はすごくそれがよかったなと思っているのは、その味覚の幅というんですかね、あぁこんなものもあって大人は美味しいと思ってるんだとか、あーなるほどこれも美味しいねとか。例えば絵を描く時に、12色のクレヨンで描くのか36色のクレヨンで描くのか、やっぱり表現力って違うと思うんですね。そういうふうに、子どもの時にいろんなものを口にすることで表現の幅というか、味覚の幅というものを、訓練させてもらったかなぁって今になると思います。

志村　今は核家族で、どうしてもお子さんの好きなものを中心に食卓に並べることって多いと思うんですけど、たまにはね、おじいちゃんやおばあちゃんのお料理を召し上がったりすることも大事ですよね。

間　すごく大切だと思います。「味覚の1週間」というフランスで始まった、子どもたちに味覚の大切さを教える「味覚の授業」があるんですが、日本に入ってきてからもう10年は超えていると思います。私も毎年ボランティアで小学校に行きましてね、2クラスの子どもたちに2時間教えるんです。今の子どもたちっていうのは「ながら食い」をしてしまったりして、味わうってことに真剣に向き合ってない子が多いんですね。ですからちょっとお塩を舐めて、これが塩味だよ、よく考えてよく味わってね、これが砂糖だよ、甘いんだよ、味わってねと、やってくんですね。そうすると、その授業のあとに子どもたちからもらった手紙には、「味わって食べる癖がついた」というようなことが書いてありましたね。

志村　へ〜、大事ですね。そこに集中するってことですものね。

間　その授業の一つなんですけれども、まず鼻をつまんで、果汁のグミを口に入れるんですね。そのままかんで、じゃあいっせーのーせでみんなつまんだ手を離してくださいって言うんです。そうするとその口の中の鼻腔を通じて香りがフワッと上がってきますよね。それでその香りの大切さとか、そこを発見するんですね。

志村　うわ～すごくおもしろそう。

間　今こうして暗闇の中でお話ししていますけど、今度は目で見ずに、視覚に頼らずに何かを食べて味覚を味わってみたら、これはこれですごく味覚が鋭敏になったり考えたり、脳が活性するのかなーなんて思っています。

志村　いいですね～。暗闇の中でドリンクを飲むとか、または何かをいただくという時に、口に入るまでわからないんです、何が何だか。

間　そうですよね、色も見えないし。

志村　そうなんです。手で触って、指先でまず何かを感じるわけですよね。で、そこから口に入れると、あれ？　トマトだと思っていたけどブドウだったとか。でも濃く感じるんですね、お味がすごく豊かに。

間　なるほど、そうでしょうね。視覚情報が全くないわけですから、本当に舌の上でゆっくり味わって、香りを嗅いで、そしてこれは何だろう？　どんな味だろう？　うーん、研ぎ澄まされますね、これはまた。

志村　お家でお母さんやお父さんがご飯を作る時に、どういう気持ちでお食事を作ると、あ～あって思わなくても済むのか。なにか秘訣はありますか？

間　私は言葉を添えるのもいいかなと思いますね。「今日はね、こういうところが美味しいと思ってこれを作ってみたんだよ」とか、「ちょっと隠し味に何か入れたんだけれども、何だかわかる？」

とかね。

志村　あ〜なるほど！

間　料理に集中できるような、楽しんで食べられるような、そういう一言を添えるだけで、最初の一口目の入り口の部分がだいぶ変わってくるのかなと思いますね。「早くさっさと食べなさい」なんて言うんじゃなくて、「今日はあなたの好きなこれとこれを作ってみたんだ」とか、そんな一言を。

志村　あ〜大切ですね。

間　やっぱりコミュニケーションって、本当にキャッチボールってよく言うじゃないですか。ですから作り手のほうからも一つボールを、受け取りやすいボールをポンと投げてあげるっていうのも、すごく重要なことかなと思います。

志村　レストランでもそうですよね、今日のこれはっていうふうにご説明いただいてフォークとナイフを取るわけですものね。

間　説明をすることで、例えば「何々さんが一生懸命作ったお米です」とか、「何々さんが本当に丹精込めて3年かけて作った何々です」なんていう一言で、同じものでもやっぱり価値が変わってきますし、より味わおうっていう意識がお客様の中にも生まれると思うんですね。家庭でもやっぱりそういうことがあってもいいのかな、なんてちょっと思いましたね。だってご家庭でも、一生懸命美味しく食べてもらおうと思って作っているわけですから。一言添えるっていうのは、いいことじゃないかなと思いますね。

目の前の小さな喜びを感じる

志村　間さんがこれから目指したいことや、なにか思いはありますか？

間　そうですね、やっぱりこのコロナ禍ですごく僕は学ばせてもらったなと思いました。自分と、それから社会との繋がり、関わりというか、そういうことの大切さや距離感やいろんなことを考えさせられる、そういう時期でしたよね。

志村　そうでしたね。

間　その中で、じゃあ料理屋はどうすればいいんだろう？とか、自分自身が持っているもので何かお役に立てることはないかな？とか、そういうことをやっぱりすごく深く深く考えた1年でしたね。レストランって、皆さんに支持されないと生き残れない商売なんです、当たり前ですけど。TERAKOYAに行ってみようか、あそこなんかいいよねって思ってもらえないと、きていただけないじゃないですか、レストランって。

志村　そうですね。

間　飲食店ってたくさんありますし、でもその中で一つ選んでもらえる、何かしらの共感であったり親近感であったり、そういうものを感じていただけたら嬉しいなぁと思うんです。それはやっぱり、ずーっとやり続けてきた自分たちのその行動であったりとか、姿勢なんじゃないかなって考えることがこの1年は多かったですね。

志村　大切な人と大切な時間を過ごすって、やっぱりレストランが大きな役割になっていると思うんですね。私はターミナルケアをずっとしていたのでよくそれを聞いているんですけれども、例えばある患者さんが、若かった頃に旦那さんと行ったレストランにもう一回行きたいと。もう旦那さんはいらっしゃらないんだけれども、私と一緒におじゃましたんです。で、そこで思い出を本当に幸せそうに、頬をピンクにして語っていらして。もうお食事はあまり召し上がれないんだけれども、でもそれがね、幸せそうなんですよ～。

間　う～ん！

志村　もうその方も亡くなられているんですけど、今はおばあちゃんのお誕生日の時にそのレストランに集まるんです、家族の皆さんが。

間　へ～いいですね～。

志村　それはきっと、やっぱり思い出って一番食べることと重なっているんだなと私は思うんですね。私がなぜ母を連れてTERAKOYAさんに行こうと思ったかっていうと、私たち家族はその場でそれをずっと語り続けていきたいなと思ったんです。そういう場が、私は飲食店だと思ってるんです。

間　嬉しいです。まさに！

志村　本当に、世界中の飲食店の皆様が今は大変だと思うんだけれども、でもお客様とともにその場を守っていただけたらいいなって思います。

間　そうですね。

志村　いつもゲストの皆さんに、明日元気でいられるためになにかお言葉をお願いしているんですけれども、もしよかったら。

間　僕は若い料理人たちにも言っているんですけども、ちっちゃなことで喜べるような、そういう気持ちでいてほしいなと思っているんですね。ほんとにちっちゃなことでいいんです。今日は1分間でなにかの皮が10個剥けたとか、さらに次の日は11個できた。そしたらその1個を思いきり喜ぶような、目の前の小さなことに喜べる自分でいてほしいなと思いますね。あとは、まあ僕は食いしん坊ですから、食べることを考えるのはやっぱり楽しいことだと思うので、お昼は何を食べようか、晩ご飯はワインを一杯飲んであれを食べようか、そんなことを少し思い浮かべて、明日一日を元気に過ごしていただきたいなと思いますね。

志村　いいですね～。

間　食べることが生きることですから（笑）。

間　光男（はざま・みつお）　東京都出身。フレンチシェフ。レストラン「ＴＥＲＡＫＯＹＡ」３代目オーナーシェフ。幼少の頃より初代から食の英才教育を受け、料理専門学校卒業後、料理の道に入る。レストランプロデュース、各種イベントプロデュース、メニュー開発、料理専門誌に執筆などを手掛け、海外・国内で開催される料理学会・食の祭典に日本代表として招聘されるなど、幅広く活躍している。

171　間 光男

心とは違う表情や言葉とか、余計なことをしない世界ってシンプル

一青《ひとと》窈《よう》（歌手）

長屋のような人間関係が育むもの

志村　窈さん、あけましておめでとうございます！
一青　あけましておめでとうございます！
志村　真っ暗闇の中でのご挨拶って、ちょっと不思議ですね。
一青　そうですね。あの……季世恵さんはもう慣れてるんですか？　この真っ暗に。
志村　もう23年、暗闇を作り続けていますので、慣れてはいるんですけれども、でも時々迷子になります。
一青　あ、そうですか。何回か体験させてもらったなかで、やっぱりどうしても目を凝らして光を探してしまう自分がいて、でもそれがやがて無駄なあがきだと気づいた時に、なんかやっと自分の居所を見つけるみたいな感じですかね。
志村　以前、暗闇の中で歌っていただいたことがあったけど、その時と今とはちょっと違っていませんか？
一青　あ～、いい経験をさせてもらいました。本当になんか、丸裸になって歌ったというか……。実は歌手になりたいと思って、それこそ中学生とか高校生とかの時に、暗闇に向かって練習してたんですよ。
志村　えっ、本当？　すごい！
一青　あんまり大きい声で歌うとご近所さんに迷惑になるから、実家の押入れに枕をぎゅう詰めにした中に閉じこもって真っ暗闇の枕に向かって歌うっていうのを（笑）。
志村　すごい防音！
一青　そうやって歌っていた時を思い出しました。
志村　窈さん、今年はどんな年にしたいと思っていらっしゃいますか？
一青　２０２２年……デビュー20周年なので。今までは自分の物語を歌ってきた部分が多かったんですけれども、人の物語を歌いたいようなフェーズに入ってきて。なので誰かに共感してもらえるポイントがあるならば、歌いたいなって思いますね。
志村　それは素晴らしいですね～。窈さんって聞こえない方たちへ音楽を届ける活動もなさっているって教えてもらったんですけど。
一青　そうですね。大学生の頃、車椅子利用者の人たちと一緒にバンドを組んでいて、私だけが健常者で、全国の老人ホームやら施設やらを行脚していたんですけど。そこで耳の聞こえない人たちの前で歌う機会があって、手話の方を入れて歌ったことがあり、それがきっかけでデビューすることになったんですけども。
志村　そうだったの？
一青　それ以降は病院でライブをやったり。知り合いのお子さんが入院していたり、知り合いの看護師さんが勤めている病院でライブすることが多くなったんですけど、その後は児童養護施設に、子どもを産んでからは行くことが増えましたね。
志村　今でも続けていらっしゃるんですか？

一青　そうですね。もっともっと増やしたいなと思いつつ、子どもが3人いるもので、なかなかフットワークが前のように軽くはなくなったんですけど、でも続けたいなと思っているライフワークの一つですね。

志村　お子さんを育てながらってすごい経験だなって思います。私もそうだったのでわかります。4人育てて、今は孫がいて。

一青　えー！

志村　それでね、窈さんと初めてお会いした頃って15年ぐらい前かなと思うんだけど。

一青　私は独身でしたね。

志村　そうそう、私も子育て真っ最中で、ちょうど子どもたちの父親が亡くなったばっかりで。

一青　そうだったんですね。

志村　シングルマザーになってね。「ダイアログ・イン・ザ・ダーク」の活動をしながらだったんだけれども、私はセラピストで、児童養護施設などのお子さんのカウンセリングや、そうした施設出身で今度はお子さんを産む立場になった人たちが、親になってどうしていいかわからなくなっちゃった、という人のカウンセリングとかが多かったんです。

一青　なるほど。

志村　あとはターミナルケアといって末期がんの方のケアをするとか。この活動はボランティアとしてお受けしていて、関わり方もかなり深いのです。子育てもしながらだったから人数はやっぱりそんなに取れないんですよね。けれども、自分が子育てしながらだと、なんだろうな、もっとリアルなことを感じられるんだなと思って、その時間がよかったなぁって思うから、窈さんも今そういう時代なんじゃないかなと思って。

一青　う～ん。その共感力みたいなのって、季世恵さんのお父様とかお母様が、慈善活動などをなさってる方だったんですか？

志村　いや、普通のおじさん、おばさんだけど（笑）。

一青　そうなんですか（笑）。

志村　ただね、父親は大正初期の生まれで、昔の人って人と関わることがすごく上手で、しかも一時は大学の先生をしていたんですよ。で、学生の人とか子どもたちが家にもしょっちゅう遊びに来ていて、もう家か学校かがわかんないぐらいだったんですね。

一青　なるほど（笑）。教育の現場というか、日常の延長線上に教育があるみたいな。

志村　そうだったんですね、きっとね。母も人が好きで、私が学校から帰ると私の部屋で全然知らない子が遊んでるのね。何人かの子はベッドでお昼寝してるんですよ。母はご近所のお母さんたちが疲れちゃってると、預かるよ～って言って子どもたちを預かる人だったの。

一青　へ～、長屋みたいな。

志村　そう、そんな感じですね。ほかにも、学校に行くのが嫌だっていう子がいたんだけど、親御さんからは毎朝学校に行きなさい！って家から追い出されちゃうんですね。それを見たうちの母が登下校を手伝っていたんです。親御さんは全然知らないんだけどね。そういう人だったから、当たり前にそれがあったんだと思うの。

一青　なんかちょっと寂しい気持ちみたいなのは全然なく、それが普通な感じだったんですか？

志村　私が？

一青　うん。そのお母さんの愛情というか、目を掛ける部分が自分だけじゃなくなるわけじゃないですか。それに対して特にジェラシーとかそういうのはなく？

志村　それがねー、またうまく巻き込むんですよね。巻き込まれて、それで勝手に私がみんなのお姉ちゃんみたいになったりね。だから、なんかあまりそういうことを意識しないままで、あとはきょうだいも多かったので。

一青　あ、じゃあ本当に人がいないなんてことがないぐらいの毎日だったんですね。

志村　そうなんですよ。一人きりっていう経験がないんですよね。人と関わるのが当たり前の環境で育ったんです。

一青　海外に住まわれていた経験はあるんですか？

志村　ないんです。

一青　あ、そうなんですね。そのボーダレスな感覚がおもしろいですね。

志村　そうですね。窈さんはずっと日本で育ったの？

一青　私は6歳まで台湾で、その後は日本で。台湾はわりとそういう、たまたま隣に居合わせた人が介入してくるみたいなことはよくあります。今言っていた長屋感覚みたいな感じですよね。ちょっと入ったレストランやマッサージ屋さんも当然のように子どもを抱っこしてくれるみたいな、子どもはみんなの宝みたいな感覚で、お年寄りにも優しいし、子育てしやすいですよ～、本当に。

志村　そうですよね〜。古いものもちゃんと大切にしながら、新しいものをうまく重ね合わせることがすごく上手な方たちが多いんだなあと思って。

一青　そうそう、リノベーションがすごく上手で。

志村　愛にあふれている人たちが多いなと思いながら、だから窈さんもそういう方なんだろうって私は勝手に思っちゃってるんだけど。

一青　あ〜、でもそうですね。原体験が台湾にあって、円卓でご飯を親戚みんなで囲むのが基本スタイルなので、孤食なんていうのはちょっと信じられないぐらい。必ず一緒に同じ釜の飯を食らうっていうのが私のモットーではありますね。

耳を傾けること、素直に伝えること

一青　このダイアログスタッフの中で、目の見えない方たち同士の喧嘩みたいなのもあったりして、その仲裁に入ったりとかもあるんですか？

志村　うーん、仲裁はあんまりないなぁ。

一青　ない？

志村　聞こえない人たちも見えない人たちも、自分の意見はちゃんと伝え合っているけど、なんだろう、うまく落としどころをつけるのがうまい人たちなんだと思う。

一青　そして、相手の意見をきちんと聞く、という姿勢なんですかね？

志村　見えない人たちは、最後まで話を聞くっていうのはすごく大事にしてるみたい。

一青　あ〜。
志村　聞く文化なので。
一青　そうか。
志村　そう、前にそれは聞いたことがあったけどね、どうしてそんなに聞くのがうまいの？って聞いたら、自分たちは情報を最後まで聞かないとやっぱりトラブルが起きるって言っていて。例えば道を聞く時に、どこどこに行きたいんだけどどう行ったらいいですか？って聞くと、丁寧な方と大雑把な方がいるんだって。こう行くんだよって説明してくれながらも、でも今あそこは工事してるから通れないんだ、って最後の最後におっしゃる方もいるんだって。
一青　なるほど！
志村　最後まで聞かないと工事現場に突っ込んじゃうことも起きるから、やっぱり聞くのは大事と思って、習慣になってるって。
一青　そうか、本当に生命の危険に繋がっているというか、聞きこぼさないことが自分の命を守ることに繋がるし、自分の喜びにも繋がるし。
志村　そうそう、そうなんですよね。
一青　私が「サイレンス」を体験したあと、アテンドしてくれた方に、「自分が心で思っていることと、身振り手振りで伝えようとすることが逆になることってあるんですか？」って聞いたんですね。怒りながら笑うとか、本当は大丈夫じゃないのに我慢するとか、そういう裏腹なメッセージを伝えたりすることってあるんですか？って聞いたら、しばらく考えて、ないっておっしゃって。あー、なんかそれがすごく、心とは違う表情をするとか動きをするとか、そういう余計なことをしない世界ってシンプルでいいなぁと思って。

志村　本当にストレートですよね。聞こえない人たちにはそれを教わるというか。どうしても痩せ我慢しちゃったりするじゃないですか。本当は素直に悲しいって言っていいのに、言わなかったりね。それに対しては、おかしいって言ってくれるのね、ちゃんと嫌な気持ちを伝えてくれないと自分たちはわからないよって。その声とかの反応もわからないし、だからちゃんとつらいならつらい顔をして、そして嬉しい時はうんっと嬉しいって言ってもらわないとダメ。だから、手話も表情をつけてちゃんと伝えて、とかって言ってくれるんだけど、それはね、カッコイイ。

一青　そうだろうなぁ。例えば学校の総合とか道徳の授業で、ここ（ダイアログ）で過ごすプログラムってあったりするんですか？

志村　去年ね、クラウドファンディングで5000人の子どもたちをお招きしたいとお願いして、それに賛同してくださった皆さんがいらっしゃって、5000人の子どもたちを招くことができるんですね。

一青　5000人……。

志村　たぶん1年、2年かかっちゃうと思うんだけど、サイレンスの世界やダークの世界に遊びに来ていただいて、あ、おもしろいな〜、勉強したいな〜って方たちが増えたらと思って。

一青　いくつぐらいの子が来るんですか？

志村　あのね、海外では学校教育の一環になっていて、4年生、10歳くらいの子どもたちが対象なんですって。あと中学生かな。そうすると、多感な時期のちょっと前に、多様性というかいろんな人がいていいんだってことや、自分自身もその中の一人だっていうことを思えると、受け入れる力が増えるし。みんなが特別じゃなくて、みんな友だちじゃん！　でも違っていいじゃん！みたいなことがわかる。それがやっぱり10歳ぐらいが一番いいみたい。

一青　なるほど、そこにやっぱり校長先生とかちょっと怖そうで苦手だった先生とかを巻き込むとよさそうですよね（笑）。

志村　そうなんです！　先生たちはね、大人だから暗闇とか慣れなくって、子どもたちはすぐ慣れちゃうんですよ。

一青　そうでしょうね〜（笑）。

志村　一緒に体験をして、子どもたちのことを頼っていい存在だってわかったっておっしゃった先生がいて、嬉しかった！

一青　なるほど。子どもたちが頼っていい存在だったたって、いい言葉ですね。

志村　だからそう、ここを本当にうまく使っていただきたいなと思っていて。

人の心に寄り添える存在

志村　窈さんが去年お出しになった『6分』って歌があるでしょ？　肺動脈性肺高血圧症の方のお話をうかがって、とおっしゃってましたよね？

一青　そう、実際にはコロナ禍だったので直接会うことは叶わなかったんですけども、その難病にかかっている方たちと、そのまわりの家族の方が元気になる歌が歌えたらいいなぁと思って。その患者さんたちには「6分間の歩行テスト」というのがあって、今日はどれくらい歩けるか、何メートル行けるかを測るそうなんです。治るかどうかもわからない、回復に向かっているのか、あとずさりしてるのかもわからないような状態で、ただ歩くっていうのはつらいだろうなと思って。その6分間を一緒に並走できるような歌を、という依頼を受けて書いた曲が『6分』ですね。

志村　そうかでしたか。私もその病気のことを聞いたことがあってね、あの6分はすっごくつらい6分なんだって。

一青　そうなんですね。

志村　なぜかというと、できるかできないかを自分自身に試す時間になっちゃうから、できた時は6分歩けた！と思うんだけど、ダメな時のショックってけっこうつらいんだっていうことを教えてもらったことがあったんですよ。でも、歩いている最中に窈さんの歌が、窈さんの声が寄り添ってくれると思ったら……。私はね、あの曲をお聞きした時に涙が出て、あーすごい、なんていい歌を作ってくださったんだろうと思って。

一青　いやー、そういうふうに言ってくださるととっても嬉しいのと、あと医師の先生からも泣いてしまったんだよっていう声を聞いて、そうだよな、どんなにわかろうと思ってもやっぱり本人のつらさって寄り添うことしかできない。もちろん歌もそうなんだけれども、それに対して医学的にアプローチしていた先生も涙を流してくれたっていうのは、作ってよかったって思いましたね。

志村　本当ですよね。いろんな方たちが患者さんを取り巻いていらっしゃるんですものね。

一青　私は時々児童養護施設に行っていて、だんだん虐待を受けてる子どもたちのパーセンテージが増えているって聞いて、今は9割ぐらいが虐待被害なんだそうです。そういう子たちが、本当は言いたいことが言えなかったりとか、感情を抑えている子たちが多いだろうから、こういう暗闇に来た時にどんなふうに自分の心を解放できるのかな、っていうことにすごく興味を持ちましたね。

志村　あのね、アテンドの人たちって本当に人の心を開くのが得意なのね。

一青　上手そう！

志村　いろんな経験をしてるからこそでもあると思うんだけれども、不登校のお子さんの通うフリースクールがあって、そこでダイアログを作ったことがあったんですよ。最初は誰もしゃべらないんだけど、暗闇を作っていくうちにだんだんおしゃべりが始まっていって、それで知らないうちに手を繋いでるんだよね。

一青　へえ！　あー、可愛らしいですね！

志村　そうなの。そこで歌を歌ったり、今は何を大切にしたい？とか、いろんな話をするとやっぱりよくてね。そこの生徒さんたちは、学校に戻る子もいれば海外に留学する子もいて、でも音楽の力だったり、アテンドの力って大きいなぁと思うし、だからみんなの力を合わせるといろんなことができるんだろうなって。私一人ではできないことも、暗闇であったり、窈さんのお力であったり、一緒にできるとなにかまた変わるんだろうなって思います。

一青　なんだか、やりたいことがキラキラと目の前に広がってきました。ありがとうございます。

志村　本当？　嬉しいです、こういう話ができるなんて。一人の力って本当にちっぽけなんだけれども、でも一人の夢がみんなの夢になる時に叶うんだなぁって思うことがあるんですよね。

　2022年の抱負はちょっとお聞きしたけど、ほかにもやりたいことはありますか？

一青　そうですね、私は本当に毎日毎日が大事だと思っていて、今日一日が幸せに過ごせたら、それで自分のまわりの人が幸せだったらいいなって思っているので、大きな目標って実は掲げるのが苦手で。

志村　このラジオを聴いてくださってる方へ、明日起きたらちょっと幸せになっているような、そんなメッセージをいただけたら嬉しいです。

一青　そうですね。私が子どもに言われてすごくハートが満タンになる言葉が、「ママ大好き」っていう言葉で（笑）。本当にシンプルだけど、しかも大好きっていう言葉をきちんと大好きな人に伝えるのって大人になると勇気がいるんだけど、でも伝えていったほうがいい言葉だなって。今までは「ごめんなさい」と「ありがとう」が大事な言葉だと思っていたんですけど、そこに「大好き」っていう言葉が加わりました。今聴いているあなたが、素直に誰かに大好きでいることを「大好き」って伝えられるといいなって思います！　今日私は季世恵さんのこと大好き！って思いながらお話ししてました（笑）。

志村　あ～嬉しい～、先に言われちゃった。私も窈さん大好きです。

一青　ありがとうございます。

志村　これ、大事ですよね。
一青　うん！
志村　本当に大切な言葉だと思う。私もこうやって、暗闇で大好きって言えてよかった。そして明日も大好きって言おう！

一青 窈（ひとと・よう）
東京都出身。歌手。台湾人の父と日本人の母の間に生まれ、幼少期を台北で過ごす。大学在学中よりアカペラサークルでストリートライブなどを行う。２００２年『もらい泣き』でデビュー、２００４年５枚目のシングル『ハナミズキ』が大ヒットを記録。以降も、俳優活動や詩集などの著書を発表するほか、歌詞提供など幅広く活動。２０２２年にデビュー２０周年を迎え、アルバム『一青尽図（ひとと づくしず）』をリリースした。

信じてくれる人がいたから、自分にしかできないことを見つけられた

小林《こばやし》さやか（ビリギャル本人）

子どもに挑戦させる勇気

志村　さやかちゃん、「ダイアログ・イン・ザ・ダーク」に来てくださりありがとうございます！

小林　こちらこそ、ありがとうございます！　真っ暗ね、本当に。

志村　お久しぶりでしたね、私たち。私はさやかちゃんのことを「ビリギャル」という名前で知ったんです。ご本がありましたよね。

小林　『学年ビリのギャルが1年で偏差値を40上げて慶應大学に現役合格した話』というタイトルの本です！

志村　長いタイトルでしたね。

小林　そうそう（笑）。略して『ビリギャル』。

志村　その頃からのことをお聞きしたいんですけど、『ビリギャル』は映画にもなったでしょう？

小林　そう。スタッフもびっくりするぐらいヒットして、皆さんに知っていただけるきっかけになりましたね。

志村　あの映画、ご本も含めてどうしてヒットしたんだろうって、ご自分で考えたことあります？

小林　そうですね、まず何の話かというと、私が受験したっていうだけなんですよね（笑）。だから、別にそんなにすごい話ではないんだけれども、なぜこんなに多くの方に共感していただいたり、心を揺さぶられたって言ってくださる人が多くなったのかというと、やっぱりみんなが通る道を私も通ってきたからなんじゃないかなって。すごく近くて、イメージしやすいものだったんじゃないかなと思っているんです。つまり、受験とかまわりの大人に対してのモヤモヤとか、反発できずにいて悩んでる子たちとか、親御さんとうまくいってなかったりとか、どこの家庭やどこの地域、どこにでもあるドラマと私のストーリーが重なる部分が多かったんじゃないかなと思っているんです。

志村　多くの人たちは自分の偏差値によって志望校を決めざるを得ないよね。好きな学校とか憧れている学校があると思うんだけれども、今のこの成績だと無理だろうって先生や親御さんとかに言われちゃう。自分の子どもが悲しい気持ちにならないように、それで入りやすい所にとなってしまうこと多いと思う。でも、さやかちゃんはそれを飛び越えたじゃないですか。

小林　そうですね。私も「ビリギャル」って言っていただけるようになって、いろんな人の悩みとか相談に乗ってきたんだけど、やっぱりまわりの大人のほうが挑戦させる勇気がないんだなって思ってきた。本人が挑戦できないっていう以前に、「やってみな、あんただったらできるよ！」って言える大人が日本はすごく少ないんじゃないかなと思っていて。それって裏返したらめちゃめちゃな愛なんだよね、やっぱり。傷つけたくない、傷ついてほしくない、常に幸せでいてほしいっていう愛だと思うんだけども、でもずっと守ってあげられるわけじゃないじゃない？　親御さんとか先生たちって。だったらかすり傷をいっぱい作ってね、まわりはハラハラするかもしれないけど、でもやっぱり自分で決めて自分で挑戦して自分で失敗した、その中でこうやったら次は成功した！みたいな経験が、子どもたち自身にはすごく大事なんじゃないかなって思ってるし、私はそれをやらせてもらえてたってていうだけなんだよね。

志村　あの本で「諦めなくてもいいんじゃない？」っていうふうにさやかちゃんは伝えてくれてい

て、そして夢に向かってがんばっていくってことも、すごく強いメッセージとしてあったと思うんだよね。私は3回読んだの、あの本。

小林　えー、嬉しい、そうだったんだ。

志村　何人かの方にもプレゼントしたよ。

小林　ありがとうございます！　子どもたちに渡してくれてたって聞いて。

志村　そうそう、「もう自分はダメなんじゃないかな」って思ってしまうような、そういう親御さんやお子さんがいたんだけど、でもちょっと違った目で見てみたらどう？って、読んでもらったことが何回かありました。

小林　嬉しいです。いい大学に行けばいいわけじゃなくて、それってやっぱり人それぞれ価値観の違いがあるし、私は慶應に行ってよかったけど、それは慶應がすごく有名な大学だからとか、いい就職先に恵まれているからじゃなくて、慶應に行ったから開けた世界が私にはあったから。

志村　そっかそっか。夢があって、慶應行きたいんだ！って思ったわけでしょ。それに対して、よっしゃ！って大人が言ってくれたの？

小林　言ってくれたの！　まずはうちのお母さんね。お母さん、泣いて喜んだの。私は大学に行く気なかったし、中学の時も無期停学処分を受けて、その時に学校の先生に「お前は人間のくずだ」とか「我が校の恥だ」みたいに言われて、オメエみたいなおじさんに何がわかんだよ！って感じで私は反抗し続けて、ここには私の理解者はいねぇな、見る目ねぇなあいつらみたいな感じで、私はまわりの大人をみんな見下してたんだけど。でもうちのお母さんだけは「さやちゃんは世界一幸せになれるんだよ。さやちゃんだったら絶対大丈夫だよ」って言い続けてくれたし、ワクワクすることを自分の力で見つけられる人になってほしい、それだけでいいんだ、っていう子育てをずっとしてくれていて。それで塾で坪田先生に出会った日に「ああちゃん（お母さん）、私、慶應行くわ！あの塾に通いたいんだけどいい？」って帰ってすぐに言った時に、お母さん泣いて喜んだの。

自分のことを信じて踏み出す一歩

志村　坪田先生のお話もうかがっていいですか？

小林　坪田先生は、私の話を初めて聞いてくれた大人、お母さん以外で。私が金髪でおへそ出して香水プンプンで、サーカスみたいな靴を履いて塾に行って、「チース」みたいな感じで先生と初めて面談した時に、坪田先生が「さやかちゃん、そのまつ毛一体どうなってんの？」って聞いてくれたりね。「マスカラで1時間塗り続けたらこうなるよ」「へえ、ひじきみたーい」とかね（笑）。学校の先生はメイク落としシートとか持って追いかけてくるばかりなのに、坪田先生は笑って聞いてくれたのが私にはけっこう衝撃的で、あ、この人怒らないんだ！って思ったし、最初の面談ではずーっと私が2時間ベラベラしゃべってた。元彼の話とかジャニーズの話とか話したら先生がゲラゲラ笑って聞いてくれて、「君めっちゃおもしろいな～、東大興味ある？」って言ったのね、最初に。「え～、東大興味ない、イケメンいなさそうだし」みたいな感じで答えたら、「じゃあ慶應はどう？」って。坪田先生は、実はみんなに同じ質問をするんですよ、面談の最後に「君、東大は興味ある？」って。すると、99.9％の子たちは「え、東大ですか!?　無理です！」ってみんな言うんだって。何で無理だと思うの？って先生が聞くと、難しすぎるって言うんだって。何で難しいってわかるの？　君、東大の過去問やったことある？って言うと、ないんだよね、みんな。過去問すら、入試の実際の問題すら見たことないのに、何で難しいってわかるの？って言うと、確かにそうだけどそれでも東大は無理だって親子で言い続ける。だけど君だけはそう言わなかったって。「東大なんか興味ねぇ、自分はもっとキラキラした世界に行きたい」って言った時に、この子はもしかしたら伸びるかもしれないって思った、って言ってくれたんだよね。だから先生の中での「伸びるかどうか」っていう基準は、「自分が自分のことを信じているか否か」ってことなんだよね。その時の学力もどのくらいの学校に行きたいかもどうでもよくて、「自分はできる！」って信じて一歩踏み出せる勇気があるかどうか、というのが先生の中での物差しだったんだよね。「私もそういう大人になりたい！」って思った。

志村　その後講演活動をする中で、反応ってどうだった？　いろんな声が来たって言ってたでしょ。

小林　そうだね。講演をやってて、もうたまんないな！っていう瞬間があるんだけど。全校生徒が体育館に集まってて、私が舞台の上からお話しさせてもらうってことがけっこうあって、本当に一人ひとりの顔を見ながら90分ぐらいお話しするんだけど、最初はみんな「どうせこいつもともと頭よかったんだろ」みたいな顔で見てんのね（笑）。でもだんだん私がしゃべっていくうちに、「あ、こいつ本当に馬鹿だったんだな」って伝わるのと、「マジでやべえな」ってみんなが笑いながら聞いてくれるのと、あとはやっぱり「本当にがんばったんだ、それでいけたんだな」っていうのが伝わるみたいで、「だったら自分もできるかも」ってちょっとずつ前のめりになってくるんだよね、みんなが。

志村　そうなんだね。

小林　それが私はたまらなく好きで、それでいつも「今日も本当に最高だったな」と思いながら帰るんだけれどね。講演のあとは「私も慶應行くんだ！」とか、「声優になりたいと思ってて、でも親には無理だからやめろって言われて諦めてたけど、でも今日の講演聞いて私やっぱり声優になろうと決めました」とかね、そういうメッセージをたくさんもらうんですよ、毎回！　その度に私は本当に嬉しいんだけど、反面、「夢見させんなよ！」って言う子どもたちもいて、その度に私はどうしたら伝わるかなって思って。そういう子たちちって、自分にはできないって頑なに信じてる子たちなんだよね。そういう子たちを変える難しさっていうのにすごく直面してきました、何度もね。

志村　それは何でなんだろう？　大人が決めちゃってるのかな？

小林　大人にそう言われてるんだろうね。まわりに「あんたは馬鹿なのよ、あんたはできないのよ、あの子にはそういう素質があっただけよ」って言われてきたんだろうなって私は思ってる。

可能性の扉を開く導き方

志村　ああちゃんの話をさやかちゃんよくしてくれるでしょう？　さっきも話してくれたけど、お母さんは「さやかはできるよ」っていうふうにずっとずっと応援してくれたんでしょ。そういう存在がいるかいないかって、すごく大きいんだろうね。

小林　全然違うよね。本当に全然違うと思う。一人だけでいいんだよ、本当に！　そんなにいっぱいいなくていいんだよ。私の場合はうちのお母さんと、やっぱり坪田先生がいてくれたっていうのがいかに恵まれた環境だったかっていうのを、講演回って気づいたんだよね。それが当たり前じゃないんだ！って。みんなにはそういう人がいないんだ！って思ったりしたんだよね。もちろんいる人もいて、いる人はちゃんと自分で歩いていけているんだよ。「私もビリギャルになる！」って言うんだよ。だけど、「自分には絶対に無理」って頑なに信じている子たちには、そういう人たちがいないんだと私は思ったんだよね。それで私は、講演ばっかりしててもこの子たちを一人残らず救うっていうのはできないなって限界を感じて、日本の大学院に行って、学習科学っていう「人はどんな環境があれば学べるのか、どうやって人は学んでるのか」っていうことを科学的に証明しようとする学問なんだけども、これを学んだらなにか、私にできることがまた新たに見つかるんじゃないかと思って。そういう願いを込めて、自分が学びの道に戻るっていう選択をしたのが２０１９年かな。

志村　そっかー。そこでさ、なにかあった？　手応えというか学びの中で。

小林　学習科学を学んだらね、「ビリギャルって地頭《じあたま》がよかっただけだ」っていうのが、いかに間違っているかっていうことを学習科学が証明してくれてるなと思った。

志村　ああ、そう。

小林　地頭っていう言葉がすごいふわふわしてるでしょ。そもそも地頭って何？　地頭悪い人ってじゃあ誰？って私は思うのよ。そんな人いないと思うの。

例えばこのダイアログの世界って、普通に生きていたら体験できない一筋の光もない世界で、ここまで連れてきてくれたアテンドのしらしょうさんは、見えてないのにスラスラスラスラ〜って真っ暗闇を行くじゃない？　私たちは、なにかにぶつかるんじゃないかとか、足元大丈夫かなとかって怯えて。世の中で障がいがあるとされている人たちも、その人たちにしかできないことがあって、それって別に障がいの有り無しじゃなくて、全人類誰にでも言えることで、その人にしかできないこととか、得意・不得意は絶対あるけど、でももともと何もできない人なんて絶対にいないじゃん。

志村　本当にそう思うよ。

小林　それをさ、「自分には何の価値もない」「自分は何にもできないんだ」って信じ込ませてしまうことって、いろんな扉を閉めちゃうことだと思うのね。だから私は、「もともと頭よかったんだね」って言われる度に本当に悔しくて、それはあんなにがんばったのにそこは見てくれないっていう悔しさじゃなくて、子どもたちの前で言わないでっていう悔しい気持ちがずっとあったんだよね。

志村　そうだね。

小林　私には信じてくれる人がいたから自分にしかできないことを見つけられたし、ワクワクする気持ちを大事にしていいって思わせてくれる環境があったことがやっぱりすごく大きかった。あとはやっぱり坪田先生の導き方。教え方じゃなくて、導き方がいかに学校の先生と当時違ったかっていうのを、学習科学を学んで思い知らされた。これは全親御さん、全先生たちに知ってほしいって思ったね。

誰よりも自分が自分の味方でいる

志村　そしてまたしても、受験勉強してたのね、この2年。何で受験することにしたの？

小林　次は世界に行くしかないと思って。日本の大学院で学習科学、大きく言うと心理学を学びながら、人の心理とか学びのメカニズムというものを、もうちょっとちゃんと勉強したいと思って大学院に入って、1年半、公立の中学校と共同研究を行ったんですね。そこでやったのは、「学校の先生が変わったら生徒たちの学びが変わるんじゃないか」って仮説だったんですよ。生徒たちにじゃなくて、先生たちに伝えるっていうのをずっとやったの。

志村　あ〜、そうだったの。

小林　学校の先生たちに学習科学の理論から、「人間ってこうして学ぶんですよ」「脳ってこうできてるんですよ」みたいなことから全部伝えて、こういう授業をデザインしたらどうかなというのを1年半伴走したんですね。そうしたらね、本当にその先生の勇気に感謝なんだけど、見事に授業をガラッと変えたんですね。その先生は歴史の担当で、ずっと先生がしゃべっている授業を全くやめて、生徒たち自身が、歴史の年号や言葉を暗記するんじゃなくて、その時代の背景とかストーリーを自分たちで作ったり想像したりする授業に変えたんですね。時代背景を考えて、こういう政策を通してこういう世の中を作りたかったんじゃないかということをいろんな資料から読み取るっていう。そうしたら、生徒たち同士で、自分はこう思う！　いや自分はこう思う！って意見を伝え合い始めたんですよ。やり方をガラッと変えたら、生徒たちが私と同じで「学ぶって楽しいって初めて思った」って言ったんだよね。

志村　わー、嬉しい！

小林　私はその変化を見て、やっぱりこうやって人って変わっていくんだ、そうやって学校とか学びの場所っていうのが変わっていくんだなって思って。私が坪田先生に出会った時の変化を客観的に見ることができたんだよね。それで、私はもっとこれを日本の学校現場とか保護者の皆さんたちに伝えたい、そのために私がもっと力をつけるためにはもう次は世界しかない！と思ったんだよね。

志村　そうだったんだね。

小林　もう30歳超えてるしみんなびっくりするかもしれないけど、でも今が一番若いから、今からでも英語を勉強して留学したいって思いました。

志村　それが、コロンビア大学。

小林　7校受験して、ＵＣＬＡ（カリフォルニア大学ロサンゼルス校）とコロンビア教育大学院からオファーをいただいて、どちらも本当に魅力的な学校でめっちゃ迷ったんだけど、コロンビアに秋から入学することを決めました。

志村　そうか、おめでとうございます。勉強し直すって、勇気がいることじゃない？

小林　そうですね〜、でもね、やっぱり、成功体験があるって大きいんですよね。あの時できたから絶対大丈夫って、やっぱり自分を信じられたのは大きかったですね。

志村　本当に大きいね。

小林　一回日本から出て、私の価値観とかバイアスみたいなものが、いい意味でぶち壊されると思うんだよね。今だからこそ、教育に携わる者として、それはやっぱり必須だなって私は思ったから、行こうって決めたのはすごく大きいですね。

志村　このラジオって夜中でしょ。明日、朝起きて、もっといい朝が来るように、なにかこうするといいよ～とかってある？

小林　そうだな、じゃあ私の人生を変えてくれた言葉を皆さんにお送りしたいなあと思うんだけども。私は「意志あるところに道は開ける」っていう言葉が大好きで、これは大学受験の時に坪田先生が私にくれた言葉なんです。できるかできないかじゃなくて、やろうと思うかどうかっていうところが最初のスタート地点だと私は思っていて。でも、できるかできないかが先に来ちゃうじゃない？「自分はどうしたいか」っていうのが、素直に考えられてないような感じがしていて。私はそこに素直にまっすぐ向き合えたから道が開けたなって思ってるんです。だから、どんなに小さいことでもいい。一歩踏み出す勇気を持つと、そこになにかまた新しいことが始まっていくかもしれないし、ちょっと今日はひと駅歩いてみようかなって思った時に、めっちゃいいカフェを見つけちゃうかもしれないし、自分の気持ちに正直に道を開いていきたいって思うことが、何よりすごく素晴らしいことだと私は思うの。明日からぜひ皆さんが、自分の心に正直に、まっすぐに、誰よりも自分が自分の味方でいてあげてほしいな、そういう毎日を明日からも過ごしていただけたらいいなって思いました。

志村　わ～、素敵な言葉をありがとうございます。すごくいいね。意志あるっていうのは、選択をするってことじゃない？

小林　うん、そう。ただ選択すればいいんだよね。

志村　こうやってやってみよう！って思うことが、自分の道を自分で開くことになるんだもんね。

小林　そう！　今日のランチはラーメンを食べよう！と一緒なんです（笑）。あとはやっぱり、これも坪田先生がくれた言葉なんだけど、自分との約束をちゃんと守るっていうことが、自信に繋がっていくと思うんですよね。

志村　そうか、自信に繋がるね。

小林　自分を信じるって、自分との約束を守るってことだから、自分との約束をずっと守ってないと、それは自信なくなっちゃうよね。だけど、人との約束を守るように、自分との約束もちゃんと守っていくっていうことができる人は、自信がある人だと思うね。

志村　そっか……肝に銘じます。

小林　いや、季世恵さんはできてるでしょう、それは（笑）。

小林さやか（こばやし・さやか）

愛知県出身。自らの受験体験が綴られた坪田信貴氏の著書がベストセラーとなり、一躍注目を集める。大学卒業後ウェディングプランナーを経て、フリーランスに転身。新刊『ビリギャルが、またビリになった日　勉強が大嫌いだった私が、34歳で米国名門大学院に行くまで』が好評発売中。全国の生徒や、保護者、教育者の大人たちに講演活動を行うかたわら大学院にて教育学を学び、2022年秋からコロンビア教育大学院に留学。

心から「ありがとう」って伝えたい、「ごめんなさい」じゃなくて

及川美紀《おいかわみき》（株式会社ポーラ 代表取締役社長）

日常生活も一期一会

志村　おいちゃんが初めてこの「ダイアログ・イン・ザ・ダーク」に来てくださったのって、2年ぐらい前でしたか？

及川　2020年の冬だったと思う。

志村　けっこう回数を重ねてくださっていて、すでにもうベテランの方になっているような気がするんですけど。

及川　うん、はまっちゃいましたね。

志村　ありがとうございます。そういうのをね、「闇付《やみつ》き」って言うんですって。

及川　あー、確かに、闇付き！　まだオープンする前、近くを通った時に、たぶん皆さんオープニングの準備をしていらしたのか、忙しそうに動いていて、そこに〝ダイアログ・ダイバーシティミュージアム「対話の森」〟って書いてあったんですよ。一体このミュージアムは何なんだ？と思って気になって検索したんです。

志村　そうでしたか。

及川　どういう所なんだろうっていう好奇心で見ていて、気になっていたんです、ずっと。ある時たまたま知り合った方がフェイスブックでダイアログのことを書いていて、「私も行きたいんです！」ってダイレクトメッセージを送ったら、「明後日だけど来る？」って誘われて。偶然、予定が空いていたんです、その時間。これはもう行くしかないと思って、体験したのが初回でした。

志村　うわー。私たちが知らないところで、そうやっていろんな方のご縁が繋がって来てくださるって嬉しい。

及川　でもね、これみんなそうなんだと思う。なんとなく気になっているけど、ポンッて背中を押してくれるのを待っている人たちってきっといるんだろうなって。私も「一緒に体験しよう」と声を掛けてくださって、すごく嬉しかったんですよ。

体験してみて、自分が今まで見たことのない世界とか、使ったことのない感覚とか、あるいは自分がコミュニケーションできていると思ってたことが実はちゃんと伝わってないみたいなことにも気づくことができて、感動したんです。しかもここの体験って一期一会なので、来る度に違うじゃないですか。

志村　違いますよね。アテンドによっても違うから。私は24年ぐらいダイアログをやっていて、たぶん私が一番長くこの暗闇に入っているはずなんですけど、毎回勉強があって、毎回なにかしら発見できるって、何なんだろう、これ？　でももしかすると、本当は家庭の中でもそうなんだろうなと思ったりしていて、どんなことでも毎回、毎日同じってないんだろうなって気づくんです。

及川　見えているからわかったような気になっちゃってるんだけど、でも確かに、仕事でも日常の生活でも、昨日と同じ場所でも違う体験をしてることっていっぱいあって、なにかそういう感覚を忘れちゃっているのかもしれないですね。忘れちゃってるっていうか、鈍感になっちゃってるのかもしれない。

志村　そうかもしれない。そうすると、ここがそういうことをちょっと気づかせてくれるのかなって思ったりして。

及川　この暗闇に入る度に、今回はこうだった、ああだったって、私はすぐ人にしゃべりたくなるので、今では暗闇仲間がどんどん増えて（笑）。

志村　闇友が（笑）。

及川　そう、闇友（笑）。

感謝で回していく世の中が必要

志村　ポーラの社長になられたのは、2年半前でしたか。女性初だったそうですね？

及川　まあ、今更初めてか？みたいなのもあるんですけど。2020年の1月に社長になりまして、ポーラは創業から90年以上続いている会社なんですが、国内大手化粧品メーカーといわれている所では初めてということで、新聞にも出ちゃったりして、私が一番驚いたんですけど。化粧品会社で女性社長ということで、こんなに驚かれるんだ日本は、って。

志村　確かに、本当に。

及川　女性の労働力は求めていたけれども、意思決定とか事業経営とか、そういう所にはまだまだ参画している人が少ないっていうのをすごく思います。能力において男女差はないんだけど、たぶん、女性の能力にもっと期待をしていろんなチャンスを与えて経験を積ませるっていうことが、すごく少なかったんだと思っていました。私はたまたま経験する機会を与えてもらったし、私の前に役員をされていた女性の先輩たちが作ってくれた道というのもあるんです。当社の場合、現在女性部門長は3割、女性役員も4割（2022年収録当時）いますから、先人たちが作ってくれた道に後輩たちが続いている、様々な経験を積む機会を性別問わず先輩たちが与えてくれているということですよね。今までの日本のビジネス社会の中ではすごく少なかったんでしょうね。あともう一つは、やっぱり家庭の問題。機会を与えられてがんばりたいけれど、子育てとの両立でそうはいかなかったり。

志村　本当にそう。家庭と仕事の両立の大変さって男女問わずあると思うんですよね。大体育児に参加できない、例えば男性の場合は忙しくて、育児に関わりたいんだけどなかなかできないとか。そのあたり、おいちゃんはどうだったんですか、ご家族の協力は。

及川　娘が一人いるんですけど、25年前に子どもを産んだので、まだまだ、今で言うまさにワンオペレーションの時代で、やっぱり家のことは私がやっていました。夫は出張が多かったので、そこまで参画できなかったっていうのもあるんですけど、時々保育園の送り迎えをしてくれるぐらい。食事を作るところまではいかなかったのは、彼がやらなかったっていうよりも、私がそれを夫に期待しなかった。「やってよ」っていう一言を言わなかったんですよね。私の世代の価値観なので、やっぱり母親がやらなきゃって私が思い込んでいた。もう今はそういう時代ではないし、その価値観は違うってみんなわかってきていて、だから家事はお母さん、仕事はお父さんみたいに分けずに、みんなで「チーム家族」として家庭を運営していくんだって、最近の子育て世代の方は認識が変わってきていますよね。

志村　多くのお母さんはがんばってもっと働きたくて、自分の能力を使いたい、活用したいって思う方が多いんだけれども、やっぱり無理かなと思って辞めてしまう方が多いですよね。

及川　うちの家訓の一つは「ホコリじゃ死なない」なんですよ。娘とよく笑いながら言うんですけど、一生懸命がんばってもダメな時は、そんときゃしゃあないって。もう諦めるんです、楽天的に。最後はホコリでは死なないから何とかなるみたいな。それが我が家の家訓、「成せばなる」「そんときゃしゃあない」「ホコリじゃ死なない」。

志村　いいですね〜。

及川　あとは、夫の実家が近かったので、夫の母にはすごくお世話になりましたね。母も割り切った方で、できない時はできないってちゃんと言うから、やれる時はやるわよって言ってくれて、子どもを預けたり。その時に私は、本当に心から「ありがとう」っていうことを伝えようと思っていて、「お母さん、遅くなっちゃったんだけどありがとうございます！　こんな時間まで見てくれて！」みたいな感じで。この時に「ごめんなさい」って言っちゃうと、娘も「なにか悪いことしてるのかな、お母さん」って思っちゃうし、おばあちゃんにも悪いなって思っちゃう。「すみません」も言うんだけれど、基本は「ありがとう」のほうがいいなと思っていて、「遅くまでありがとう！」「ご飯食べさせてくれてありがとう！」って、ありがとうをいっぱい溜めていくとお互いに気持ちがいい。おばあちゃんがいてくれてよかったねって娘に言うと、娘もおばあちゃんにすごく感謝するじゃないですか。

人に頼る自分も認めて、でもお母さんにはすごく感謝して。自分の実家は遠くて頼れなかったので、もう感謝しかないです、本当に。

志村　私も母や身内の人たちにだいぶ助けてもらって子どもを4人育てたんですけれど、私の場合は友だちとか仲間たちが家に出入りしてくれて、勝手にご飯作ってくれたり、お風呂も洗ってくれたりってことが、いまだ続いているんですよ。

及川　すごいな～。私はさすがにお風呂を洗ってもらったことはないんだけど、子どもが小学校の時急にお弁当の日があって、課外学習とかで。

志村　あるある。

及川　これは私の名誉のために言うんだけど、ちゃんと作ってあったんですよ。だけど、娘が持っていくのを忘れたの。で、学校に行くまでの間に立ち寄るお友だちのお母さんが、「お弁当持ってきた？」って聞いてくれたんですよ。そしたらうちの娘が「あ、忘れた！」って言うもんだから、それは大変！ってもうみんなに電話してくれて、「うちにはご飯あるけど、おかず余ってる家ない？」みたいな感じで次々と、通学の途中途中で友だちの所に寄っている間にお弁当が完成しちゃったの。

志村　すごすぎ……。

及川　すごいですよね、ママたちのネットワーク。私はダメママの烙印を押されたんだけど、私が作ったお弁当よりすごく豪華なのができあがって（笑）。そうやって助けてくれる人たちに本当にありがとう!!って感謝して、みんなも一人の小学生を助けられたと思って喜んでくれて。そうやって助け合っていくことを「申し訳ない」って思っちゃうと萎縮しちゃうんだけど、「本当に助かった、ありがとう！　あなたたちがいてくれてよかった！」と言えたら、笑い話になるじゃないですか。そうやって感謝していく世の中って、ダイバーシティ&インクルージョンの世界には絶対必要だなと思いながら、でも会社で働くお母さんたちって、謝りながら働いているんですよ。

志村　そうなんですよね。

及川　「ごめんなさい、時短なんでこれで帰ります、すみません」とか、会議中でも保育園のお迎えとかがあると「すみません、途中なんだけど帰ります」って、みんな謝りながらやっているんですよね。保育園の先生にも「5分遅刻しちゃってすみません！」とか、子どもにも「早くお迎えに行けなくてごめんね」とか。働くお母さんたちは「ごめんね」を1日に何回言っているんだろうと思うと切なくなっちゃって、これをみんなで「ありがとう」って言える世界にしたらすごい優しくなるのにね。例えば「早く帰らなきゃいけないんだけど、みんながそれを認めてくれてありがとう」とか、誰かが声を掛けて「もう6時だよ、帰らなくていいの？」「あ、声掛けてくれてありがとう」とか、会議の途中で出なきゃいけなくても「議事録送ってくれてありがとう」とか、そういうふうにちょっと気持ちを切り替えられる世の中にしたいなーって今すごく思っているところです。

志村　大事ですよね。本当にそう、わかります。

伝え方の可能性を教えてくれる場所

志村　「ありがとう」を続けながらおいちゃんはお仕事されていて、どんなことをこれからポーラで実現したいと思っていらっしゃるんですか？

及川　それはなかなか難しくて、深い質問。ポーラって、人の可能性をすごく信じている会社なんです。1929年創業なので今年で93年目になるんですけど、「最上のものをお手渡しで」っていうことで、訪問販売、量り売りから始まった会社なんですよ。創業者が、妻の手荒れのためにクリームを作ったのが始まりなんですね。大切な人を思う気持ち、そういう愛から始まった会社であることを私たち社員はすごく誇りに思っていて。子育てや厳しい生活の中で手の荒れてしまった妻のために、最上品質のものをしっかり作りたい。ほしい人に分けてあげたい。高価なものだから、必要な分だけ量り売りで、しかも量り売りってことはお顔を見て対面で売るわけです。ちゃんと使い方をお伝えして、対面で売るということをすごく大切にしてきた会社なんですね。創業者の言葉で「美しさを販売し、商品を奉仕せよ」っていう言葉があって、私たちはそれも大好きなんです。私たちが売るのは、美しくなるという可能性であって、商品はそれをサポートするもの。だから、物売りじゃないんだよって言われてずっと私たちは育ったんです。

志村　そうなんですね。

及川　これからやりたいこともそこにベースがあって、誰かの可能性を高めることをちゃんとやりたいと思っているんです。2029年に100周年を迎えるんですけど、2029年のビジョンに「私と社会の可能性を信じられる、つながりであふれる社会へ」ってポーラは掲げているんです。

志村　あ〜、素敵ですね。

及川　それをね、実現したいんです。私は会社員なのでいつか社長ではなくなるし、いつか会社も去らねばならない。けれども、いる間にはしっかり自分の役割を全うして、いつか会社を卒業した時にまた違う側面でそれが実現できたらいいなって、すごく思います。会社のビジョンと自分のパーパス（目的）とが合っているほうが幸せだしハッピーじゃないですか。

志村　本当にそう思う。今、私、感動して鳥肌立っています。

及川　ありがとう。私はもともとキャリアのスタートが販売教育なんですよ。ポーラに入社して一番最初にやった仕事がトレーナーの仕事だったんです。当時は訪問販売がほとんどだったので、美容のことも知らない、化粧品のことも知らない、子育てを経験して久しぶりに仕事をするっていう人たちが、販売員としてポーラに登録してくるんですよね。その方たちに商品の特徴やお化粧の仕方、肌のお手入れやエステのやり方などをお伝えしながら、お客様に満足していただくにはどうすべきかを研修運営して、サポートする仕事をずっとしていたんです。私はそれがすっごくおもしろくて。人ってやっぱり変わるんですよ。最初は右も左もわからず、化粧品をおすすめするとかお化粧のやり方をお伝えするっていうのも初めてで自信がなかった人が、ちょっと練習してお客様にお話しして、ちょっとずつできることが増えてくると、どんどん自信をつけていって、どんどん成長していって、目の前で人がどんどん変わっていくんですね。それがすごいなと思って。私自身は、あまり売れない人だったんです。販売力は大してなかったので、商品を買ってもらうことができる人っていうのを尊敬しているんですよ。だってやっぱりね、お客様は信頼してお代金を払ってくださるわけです。自分の説明を信じてくれる人がいるっていうのは、すごいことですよ。

志村　うん、確かにそう思います。

及川　だったらこの方たちがすごくがんばれるようにサポートしよう。新製品をわかりやすく伝えようとか、美容の技術をわかりやすくお教えしようとか、エステをやる時に自信持ってできるようにコツをちゃんと教えようって。まあ商売はすべてそうなんですけど、販売っていい時もあれば悪い時もあるじゃないですか。なので、悪い時にはちゃんと寄り添って、いい時にはあんまり慢心しているようだったらここは気をつけたほうがいいよとか、時々アドバイスさせていただきながら。フラットに寄り添うことが人の成長には必要なんだなと思っていて、その仕事がすごく楽しかったですね。私の中に、そういう人の可能性に寄り添うというようなことが、入社当時から大好きなこととしてずっとあったのかもしれないと、今あらためて思います。

志村　いや、きっとそうですよ。だからこそ今いろんなことを皆さんに発信できていて、そして多くの方たちがおいちゃんのメッセージで元気をいただいている。私もその中の一人だけれども。

及川　ありがとうございます。でもね、本当にまだまだ伝えたい人たちにちゃんと伝わっているかっていうと、課題が多いんです。だから私は、「ダーク」のアテンドの皆さんが暗闇でしっかり伝えていることにすごく学んだり、「サイレンス」のアテンドの皆さんがボディーランゲージだったり、目の輝きだけで伝えたりするのを見て、伝え方の可能性って本当はもっとたくさんあるのに私は一体何を伝えているんだろうって。Ｚｏｏｍやオンラインでも顔は見られるし言葉も繋がるし言っているつもりなんだけど、やっぱりコミュニケーションってもっとお互いに対話をしながら、「伝わった？　伝わったよ！」とか、「今ここにいる？　いるよ！」みたいなことを直接伝えないと、お互いに理解し合うというところにはならないんだろうなと思って。対話の可能性というものを常に私に教えてくれて、気づかせてくれるのが、ここなんですよね。だからはまっちゃうんです。

その日できたことを数えて眠る

志村　ラジオを聴いてくださってる方が明日元気になるような言葉を、いつもいただくんです。おいちゃんからもなにか一言、いただけますか。

及川　あのう眠れない夜って必ずあると思うんですよね。そういう時に私が時々やるのは、自分が今日何をできたか、「できたこと数え」をします。すっごくささやかなんですけど、朝起きられたなとかご飯作ったなとか、ゴミ出しができたとか。当たり前のことなんだけど、自分ができたことをいくつか数えるんですね。そうすると、当たり前の1日なんだけど、あ、これもできた、あれもできたって、ちょっと自分を肯定することができるんですよ。朝起きて、家の床を簡単に掃除機かけられたなとか、そういう自分をちょっと褒めるみたいな感じで、夜にいいとこ探しをすると、けっこう疲れが取れるんですよ、私はね。

志村　いいですね。そっか、できたことを数える。

及川　そう、本当にささやかでいいんですよ。靴を揃えたとか、お皿洗ったとかね、上出来じゃんみたいな感じで。いろいろ忙しいし明日もたぶん忙しいけど、こうやって毎日なにかしらできているんだよねって思いながら、自分を励まして寝る。

志村　そう、いいな〜。

及川　私も悩みながら一日一日、一歩ずつ一歩ずつ、それこそ三歩進んで二歩下がることも山ほどあるんだけれど、毎日の日常に本当に感謝しながら、明日も朝日が昇ることを喜べる自分でいたいなといつも思っています。聴いてくださる人がいることに本当に感謝して、私の拙い話の中から、なにか一つでも拾ってくださる方がいることに本当に心から感謝して、聴いてくださっている人全員にありがとうってお伝えしたいです。こうやって私と一緒に時間を過ごしてくれた季世恵ちゃんにも、心からありがとうございます。

志村　いやぁ、本当に嬉しい。ありがとうございました！

及川美紀（おいかわ・みき）

宮城県出身。1991年ポーラ化粧品本舗（現：ポーラ）に入社。子育てをしながら30代で埼玉エリアマネージャーに。商品企画部長を経て、2012年、商品企画・宣伝担当執行役員。2014年、商品企画・宣伝・美容研究・デザイン研究担当取締役。2020年、代表取締役社長に就任。ダイバーシティ&インクルージョンを経営戦略の一つに掲げ、様々な施策を打ち出している。

人生は〝対話〟の外にある。湧き出たり、発酵したりする時間も必要

森川《もりかわ》すいめい（精神科医）

自身にも作用したオープンダイアローグ

志村　すいさん、こんばんは。暗闇、初めてでしたよね？

森川　初めてですね。

志村　ここまで遊びながら来ましたけど、いかがでしたか？

森川　こんなに光がない世界っていうものを体験したことがなかったわけですけど、何て言うんでしょうね……。

志村　不思議な世界ですよね。

森川　暗闇の世界だからこそ成り立つ必要な声掛けとか、しゃべっていたくなることとか、体の動きとか、初めて今日知ったことがたくさんあった気がしています。

志村　初めて知るっていいですね。

森川　本当ですね。

志村　すいさんの自己紹介をしていただけますか。

森川　私は対話の場作りというのをしたいと思って日々活動していて、職業自体は精神科医なんですけど、普段の診療でも、時間が長くても短くても、対話というのを意識して生活をしています。

志村　お医者さんのすいさんが、どうして対話の場作りを始めたんですか？

森川　心理職をやっている、私にとって大切な友人がいてですね、彼がある日、常に緊張をしている私の様子を見て、「自分の中のトラウマをなんとかしなきゃいけない」って言ったんです。私はすでに医者で、トラウマなんていうものはクリアしていて、ある種トラウマも抱えつつ蓋をしながら生きていて、自分では大丈夫だと思っていたんです。その時、私はフィンランドでの2年間のトレーニングに行くかどうか迷っていたんですけど、その言葉のおかげで、行かなきゃたぶんこの仕事もやっていちゃいけないなと思えて、そんなきっかけがあってフィンランドに行ったんですよ。

志村　フィンランドにはオープンダイアローグの研修に行かれたわけですよね。精神科医でいらっしゃって、ご自身のことも感じながらフィンランドに行って、またなにか変化があったんですか？

森川　フィンランドのトレーニングをしながら対話の場を作っていく中で、ご家族と一緒に対話をするんですけど、話さないことで生じた誤解に関してできるだけ話してもらうようにトレーニングをするんですね。で、私自身が対話の場にファシリテーターとして同席する時に、私自身が何を考えてその質問をしたのかしっかり話すようになったんですよ。

志村　それ大切なことですね。

森川　フィンランドというと福祉が豊かで、幸福度調査もいつも上位で幸せな国っていうイメージだと思うんです。実際、現地に行くと確かにゆったりしていてみんな笑顔っていうか、なんかいいなって思うんですけど、ほんのちょっと前まで戦争に巻き込まれていた国だったわけなんですよね。今の幸せな国のイメージの裏側に、語ることができなかった長い期間があったという話を現地の人に聞いたんです。

志村　そうなんですね。

森川　例えば当時、精神的に苦しくて誰かと会話もなく、精神的に孤立して壊れてしまうような時、まわりの人もその人のことをよく理解してないから、精神科の病院に連れていくんです。そこなら助けてくれる、相談できるって思いで連れていくわけですけど、精神科病院ではただ結果を見るだけなんです。ブツブツ独り言を言ってるとか、ストレスでワーッとなってるとか、その結果だけに診断名をつけて病院に閉じ込める。それが医学であり、正しい方法だとそれまでの文脈をぶったぎってしまう。それが、語ることのできなかった時代にその国で行われていた心に関するケアだったんですね。でも、それはおかしい、対話が必要だと思った人たちが1960年代に病院で活動を開始したんです。

志村　そのやり方は違うだろうって、ずっとずっと思っていたんでしょうね。

森川　1960年代に始めたそのドクターのチームは、病院ではなく家に行ったり、病院の中でも一人ではなくチームで話を聞いたり、患者さん本人だけじゃなくその家族の声も聞いて、その中で何が起こったのかを一生懸命理解しようとして。

志村　いろんな考え方があって、フィルターがあって、それを合わせることによって見えてくるものがありますものね。

森川　目の前に現れた結果に着目するのではなくて、その人やまわりの人たちの文脈を考えるようになったのが、フィンランドにおける対話の始まりになったのかなと。

志村　同じことを、それぞれの場で求めてたんでしょうね。

森川　そうなんですよね、きっと。やっぱり相手を理解しようとする能動さが必要な時に、対話をするんだなって思いました。

なぜ「ダイアログ」＝「対話」が必要なのか

森川　１９６０年代に対話が能動的になって、それがだんだん浸透し、１９８０年代に「オープンダイアローグ」、つまり「開かれた対話」という名前でフィンランド中で広がっていったんですけど、開かれた対話という、全員の考えを大事にして意見を出し尽くすことを大切にしているところも全部含めて、対話っていいなって思うんです。

ところでその時代、オープンダイアローグに影響を与えたトム・アンデルセンという、リフレクティングというスタイルの会話を確立した人がいました。そのリフレクティングというのは、例えばノルウェーなどの刑務所で行われていた、受刑者とそこで管理している人との間の誤解を解消したり気持ちを重ねたりするような会話のアイディアなんですけど、そのトム・アンデルセンは、「対話」という言葉を一回だけ論文に書いたものの、それ以降は「会話」という言葉にこだわって、「対話」は使わなかったらしいんですよね。

明確な答えはまだないんですけど、どう思いますか？　ここは「対話」のミュージアムじゃないですか、ダイアログという名前の。

志村　そうですねぇ……。私は「ダイアログ」という言葉を知らなかったんです。今から30年以上前、アンドレアス・ハイネッケという人が「ダイアログ・イン・ザ・ダーク」を発案したんですけど、ハイネッケはお母さんがユダヤ人で、お父さんがドイツ人で、相反する文化から生まれてきていろんなことが家庭内にあったんです。どうしたらお互いの苦しみを解消できるんだろうって考えた時に、マルティン・ブーバーというユダヤ人の哲学者の本を読んで、「すべての争いは対話で解決する」ということを知ったんですね。それで対話が大事なんだと知って、でも対等な対話の場がなければいくら話してもやっぱり対話にならないだろうと考えて、暗闇を作ったんだそうです。人間の情報って約7、8割が目からだと言われてるから、視覚だけじゃない感覚で相手を知ることができると、また違った感覚で相手が見えてくるんじゃないかって。

森川　うんうん。

志村　私も、どうして「会話」じゃなかったんだろう？と思ってたんですよ。ダイアログって言葉はあまり知られてなかったし、今でもその話は発案者に聞けていないんですけど、私が思うにおしゃべりや会話というのは、テーマが移っていってもいいものだなと思っていて、どんどん変わっていけるみたいな良さがある。さっきまであの話をしていたけど今は違った話をしたり、話のテンポも速くテーマもあっという間に変わっていく。一方でダイアログ（対話）というのは、テーマがあって、それを深めていくことができるんですよね。

森川　うーん、なるほど。それこそ戦争にならないようにするためには、「対話」をしなきゃいけないですよね。しなきゃいけないっていうレベルの時は、「対話」って言葉使いますもんね、「会話」じゃなくて。

志村　そうですよね。それから会話って、笑いがある気がする。もうちょっと軽やかで笑ってOKだし、ちょっとまぜてよとか、ねーねーどうしたの？みたいな感じのところもあったりね。

場が変わると違って見える景色

森川　ふと思ったのが、自殺で亡くなる方が少ない地域の人たちは、ずっとしゃべっていますね。しゃべるのって大事なんですね。

志村　例えば、思い詰めちゃっている中学生とか、大人でもそうなんだけど、「対話しよっか」って言ったってなかなか話せなくなっちゃいますもんね。まあ「会話しよっか」も急には難しいかもしれないけど、「そこにまぜて」っていう感じだと、なんかいいですね。

森川　今、家で閉じこもっている人もいて、実質的には閉じこもれないから自分だけで閉じこもって社会生活している子もいて、それは子どもだけじゃなく大人もそうで、どう話を聞いたらいいのか、それは技法とかいう問題ではないなって思いますね。

しかも日本の精神科って、世界でもっとも人の話を聞く時間がない精神科だと言われるんですけど、本当に聞く時間がないんですよね。だから、語れなくなった本人の言葉を待つ時間がないので、その話を代弁する両親とか支援者の情報に基づくしかないんですよね。

志村　そうか、本人じゃなくなっちゃいますもんね。それをすいさんはなんとかしたいと思って、この活動をやっていらっしゃるんですよね。

森川　うーん……でも今日は目を閉じているゆえに、頭が全然動かないというか、ずーっとその場にいる感じがして。うまく言えないのですが、そういう活動をしたくてこれまでやって来たと思ってはいるんですけど、今日はなにか違う思いを持ったというか……。

志村　わかる気がします。あのう、暗闇もそうなんですが、場が変わった時に見える景色って違いますよね。例えば、いつもは静岡側から見ている富士山を違う地域から見る感じなのかなと思ったりして。目が見えない人にね、富士山知ってる？って聞くと、もともと全盲だった人が「知ってるよ」って言うのね。どんなの？って聞くと、円すい形でしょって言うんですよ。言われてみれば確かに円すい形なんだけど、目で見ていた人たちっていうのは、立体的な形ではなく平面で富士山を見てたんですよね。

森川　うーん！

志村　お風呂屋さんの壁画みたいな感じっていうか、絵に描いた富士山とか写真の富士山とか、形はわかっているんだけど、そう言われて私はすごくカルチャーショックだったんですよ。そうか、富士山は円すい形だったのか！　今まで見ていた富士山は何だったんだと。

森川　なるほど。

志村　もしかするとすいさんもそういう感じなのかなって。どちらも本当なんだけど、違ったところから見ているんじゃないかなーと思ったりしていて。暗闇って、そういうことあるんじゃないかなと思いました。

森川　……今、すごく大事ななにかが自分の中で開きそうなんですけど、まだちょっと50％ですね（笑）。これ、このまま持ち帰りたい。

志村　ぜひとも、持ち帰ってください。

森川　あー、この感覚……どうやって作れるんだろう。

志村　私はその時、円すい形を手で記憶できるといいなと思って、膝を触っていたんです。もしかしたら富士山をこの骨の部分で感じられるかしら？と思ったりしてね。手で覚えたものを持ち帰ろうって思いました。私と違った目で見ている人が教えてくれたことだから。

森川　今、自分の中のこの感情が、なんだろう、まだ理解したくない感じっていうか。

志村　あー、それもわかる。持ち帰ります、いつも私。

森川　そうですね。今ここで、自分の中で慌てて結論を出さないように。

志村　うん、出さないでください。それでいつか教えてほしい。そういうふうに待つ時間って、自分の中に湧き出てくるのを待つ時間とか、相手に対して待つ時間って、すごく大切じゃないかなって思うんですよね。発酵している時間みたいな、違ったものになっていくみたいな、対話なのか会話なのかわからないけど、そういう待ち続けることができる時間って、私すごく好きなんです。

森川　あのう、フィンランドのオープンダイアローグを大切にした対話の時間が、1回60分とおおむね決まっているんです。絶対のルールではないですけど、始まりと終わりと、参加者全員の声が必ず出されることと、ファシリテーター側も自分の声を出すっていう、そういう決まりが必ずあって、だけど現地のファシリテートの人たちが言うのは、その60分ではある種何も起こらない、人生は対話の外にあるって言うんですよ。

志村　あー、わかるなあ。

森川　私、その言葉いいなって思っていたんですけど、今日はまた一段といいなって思う。なんか世界が違う感じがする。

相互理解が深まる時

志村　今日のすぃさんのお話をうかがって、暗闇の中ってまだまだ発見がいっぱいあるんだということがわかって、あらためていいもんだなーって思いました。

いつもゲストの方に、明日の朝を迎えた時どんなふうにすると気持ちよく目覚められるかとか、生きてるのもなかなかいいじゃないかと思えるなにかとかをお聞きしているんですけど、なにかありますか？

森川　今勤めてるクリニックは電子カルテなんですけど、私の診察室にあるパソコンが古くてなかなか動かないから、事務室にもパソコンが何台かあるので最近はそこで入力するんですよ。それまではずーっと診察室に閉じこもっていて、ほかのみんなと会話が少なかったんですよね。すごく忙しくて、ずっとがんばっていたつもりなんだけどある種の報われなさというか、様子がわからないから褒められたり労われたりすることよりも、怒られることのほうが多かったり。

志村　うーん、切ない。

森川　でもそれが、事務室に行くようになったら、事務で仕事している人たちが理解していた以上にすごくがんばってくれていたことがわかって。本当に一生懸命動いてくれていて、スタッフみんなのことすごく大好きになったんですよ。パソコンが壊れたおかげで（笑）。

志村　仲間になってるんだ。

森川　そうしたらですね、初めてスタッフが、私に缶コーヒーを買ってきてくれたんですよ。すごく嬉しかったし、理解してもらっている感じもあったし、私もみんなに買うんですけど、その買うことへの思いが変わった感じがして。

志村　相手のことがわかった上で買うって、気持ちが違いますもんね。

森川　だから明日の朝からという問いに関して、この感覚は忙しさに負けちゃうと失われちゃうから、失わないように心に刻みたいなと思って。

志村　そうか、じゃあ皆さんも、今のすいさんが失わないようにと思ったことを、ご自身の言葉に変えてみたりとか、その中に入った言葉の気持ちを大切にしてもらえたらいいですね。私も今お聞きしていて、言われてみれば自分だけでがんばってると思っている部分もあるなって気づきました。朝起きてから夜寝るまで、いろんな人たちの助けや支えがあって、自分があるんですもんね。今日来ていただけてよかったです。

森川　この場にお招きくださって、心の底からありがとうございましたという気持ちでいっぱいです。

森川すいめい（もりかわ・すいめい）
東京都出身。精神科医。鍼灸師。オープンダイアローグトレーナー。２００３年にホームレス状態にある人を支援する団体「ＴＥＮＯＨＡＳＩ（てのはし）」を立ち上げ、支援活動を行っている。現在は都内のクリニック院長として日々患者との対話を続けている。著書に『感じるオープンダイアローグ』など。Ｖｏｉｃｙにてオープンダイアローグ（開かれた対話）で生きやすくなるチャンネルを開設。

愛という宝が守り育ててくれる。そしてまた誰かに伝えられる

松田美由紀《まつだみゆき》（女優・写真家）

暗闇がもたらす安心感

志村　真っ暗な中に、遊びに来てくださってありがとうございます。

松田　真っ暗ですね。何度かこの暗闇を体験させてもらっていますけど、ツアーだとたくさんの人がいるしアトラクション的な感覚もあったんだけど、季世恵さんとこうやって二人きりで真っ暗の中にいると、なんだか本当の日常って感じがしますね。

志村　そう、本当の日常？

松田　頭の中にある日常というか、すごく不思議な感じです。

志村　私は今、子どもの時に友だちとお布団並べて夜遅くまでおしゃべりしていた時と似ているなって思ってるの。そうだ、美由紀さんの別荘におじゃました時とも似ている。自然豊かで夜は真っ暗。静かでシーンとしていたね。

松田　なんか安心しますね、真っ暗の中にいると。初めてここで体験させてもらった時に、なんて安心するんだろうと思って。たくさん目に入ってくる情報の中で、もちろんたくさんの刺激や情報をもらっているし、いろんなことが見えて楽しいことばっかりなんだけど、でも見えているからこそのストレスもたくさんあるんだなぁと思って……。

志村　あぁ、そうだね。私はね、別荘で美由紀さんが本を読んでくれたでしょう？　あの詩のような朗読が今でもずっと忘れられないの。

松田　〈♪子守唄を歌う〉
志村　……いい歌。
松田　子どもの頃に母親が子守唄を、「ねんねんころりよ」ってよく歌ってくれていたんですよね。その子守唄の感じが忘れられなくて、それで最近シャンソンを歌い出したんですよ。何でシャンソンなんですか？って聞かれるんですけど、物語なんですよね、シャンソンって。一つひとつの曲がショートムービーというか小さなドラマみたいなところがあるんです。恋の話とかいろんなものが出てくるんですけど、その物語を紡ぐ感じと子守唄や童謡のようなその世界が作れないかなーと思って、歌い始めたという感じですね。
志村　素敵ですね。
松田　だから、歌という感覚より、物語を紡いでいるというようなそんな感じです。
志村　あの朗読もそうでしたけど、聞いてると美由紀さんの声から風景が立ち上がってくるの。それで頭の中に焚き火の音が響いてきたりとか、真っ暗な夜に焚き火がたかれていて火の粉がバーッと舞うとか、その風景がありありと浮かぶんですよ。次回のライブでその世界観が感じられるんですね、きっと。
松田　次は、初めてジャズの人たちとやるので、どんなことが飛び出すか全然わからなくて、どこに飛んでいくかわからないみたいなおもしろさがあって、ちょっとドキドキしてます。

子どもと一緒に生活を楽しむ

志村　そういえば、美由紀さんのお料理もそんな感じで……。

松田・志村　（笑）

志村　お庭にハーブとかがいっぱい植えてあって、そこからいろんなのを集めてきて、まるで魔女の薬箱みたいな感じで。

松田　そうですね。季世恵さんが遊びに来てくれた別荘は私が設計して作ったお家なんですけど、もう魔女のような家です（笑）。

志村　すごく素敵なお家で、自然と共存して暮らしている。

松田　あのね、私はヒッピー精神がものすごく心の中にある人間だと思っているんですよ。それは私のプライベートの奥の奥にあるんだけど、もう本当に野外で暮らして太古のような生活をしたいっていうのが、ＤＮＡに刻み込まれてるのか、なぜかそんなところがあるんですよね。草が近くにある暮らしとか、本当だったら山羊も牛もにわとりも飼いたいし、そういう暮らしをいつかしてみたいなというのはありますね。

志村　あ～素敵。そう、それでお料理も創作料理って感じでしたよね。美味しくいただいている時に、ちょっと待ってって、また違った薬草みたいなのをバサッと入れて、魔女みたいにヒヒヒ……って感じで混ぜて、するとまた違った美味しさで今度は体に効きそう！って。本当に変化させていくんだよね。

松田　私、20歳で妊娠して21歳で初めてお母さんになって、そのあとも二人子どもを産んで、20年間ぐらいずっと子育てをやっていたんですね。お母さんって毎日お母さんだし、毎日特別になにかおもしろいことが起きるわけじゃないんだけど、生活をクリエイティブにしたい！って、子どもと本当にいろんなことをやってきたんですよ。

志村　想像ができる！（笑）

松田　近くに公園があってね、普通の公園ですけど、せっかくだからカレーを作ってお鍋ごと持っていって公園で食べよう！とかね。

志村　楽しいね！

松田　あと闇鍋みたいに、そうめんの日は真っ暗にして、なんだかわかんないところでそうめんを食べようとかね。自分も子どもになって、いろんなとこに連れていったり楽しんだりね。娘が小学生の時に友だちが泊まりに来て、夜みんなでテレビを見てたりするから、ね〜、今から冒険行こうよ！って私が（笑）。タオルケットとか車に詰め込んで、よし行くぞー！って冒険に行くんですよ、名も無いような所に（笑）。

志村　いいなー、それ。あのね、私の場合は母だったんですよ。夜中に冒険に行こうって言ったりとか、闇鍋もしたし、お風呂に入っていたら母が突然お風呂の電気を消すの。で、みかんとかアイスとか持ってきてくれて、暗闇のお風呂で食べたりしてたの。

松田　最高ですね。

志村　私はその記憶が頭に入っていて、そんな遊びがたぶん今の「ダイアログ・イン・ザ・ダーク」

に活かされていると思うんだけれど、美由紀さんもお母さんの影響を受けていたりするのかな？

松田　私は優作（俳優の松田優作氏）と結婚して、10年ぐらいで彼は亡くなってしまったんですよ。子どもはまだ6歳、4歳、2歳だったし、本当にこれからどうしようって思っていた時に、またその6年後に母も亡くなったので、大切な人が立て続けに二人も。もう人生すべての悲しみがこんな早く来ちゃったみたいで。

私の母は57歳の時に骨のがんになって、足を切断しなきゃいけないぐらいの大きな病気で亡くなってしまったんですけれど、本当に天使のように明るくて美人で、こんなにいい人間がこの世の中にいるのかというような人だったんですよ。私は母の影響をとても受けて育ったんです。母はまわりの人からも愛されていたし、本当におもしろい人でした。本当に悲しみを乗り越えるのがすごく大変で、やっと何十年も経って最近ようやくトラウマから抜けたような気がします。

志村　そうでしたか。

目に見えないものに支えられている実感

松田　不思議なんですけど、近親者が亡くなると、その亡くなった歳まで自分が生きていられるのかって漠然と思うんですよね。

志村　私もそうだった。

松田　なんかずーっとその年齢にこだわりがあるんですよね。自分が母や優作と同い歳になったりする度に、あ、まだ生きてる！って思ったんです。優作の歳になった時はもうボロボロ涙が出て、ああ、今まで生きてこられたんだって、感無量でした。あと、不思議なことも起きたんです。
志村　どんな?
松田　母が亡くなって23年後、私はまだ母のトラウマが抜けきれずにいたんですけど、母と同じ57歳に自分がなったある日、車で山道を走っていたんです。カーブの多い山道を走っていてふと思い出したのが、母親が入院していた九州のホスピスに向かう山道で、看病をするためにいつも九州の実家から一時間かけて通っていたんですね。その道すがら、母親が元気になってくれるかな、助かってくれるかなって心配をしながら、いつも音楽を大音量で流して自分を元気づけてたの。
その日、かつて病院まで通っていたのと同じような景色の道を走っていたら、突然大きな音で音楽が鳴って、あの時と全く同じ感じで。「しっかりしなさい! 大丈夫だから!」って母親の声がしたような気がして、夢じゃないんだけど、突然降りてきたっていうか……。もう涙が出て大泣きして。不思議でしょ、降りてくるんですよ。
志村　うーん。
松田　私が40歳の時、優作が亡くなった同じ年齢の時にも夢を見て。サーフィンに出てくるような大きな波が自分の前に立ちはだかって、すごく高い高い波が、今にも落ちてきそうなの。うわ〜、いつこの波が落ちてくるんだろうってずっとドキドキしてるんだけど、突然その波が逆回転して、向こう側にブワーン!と落ちたんです。そしたらバーッて海が広がって、そのあとイメージが俯瞰になって、小さなボートに一人で乗っていた私が、よし行くぞ!ってオールを漕ぎ出したという夢。夢が示してくれたように、そこから自分の人生が始まったなーって思ったんですよね。

エネルギーとかって目には見えないんだけど、きっとずーっと繋がっているんですよね。だからなぜか私は、暗闇に死の世界も感じるけど安心もするし、私の頭の中の世界とか、魂とか、きっとそうやって目に見えないものに支えられて生きているんですね。

志村　そうでしたか。

松田　私の父親は83歳で亡くなったんですけど、80歳を過ぎて脳梗塞で半身不随になって車椅子生活だったんですね。私は3人姉妹の末っ子なんですけど、一番上の姉が介護をしてくれていて、肝臓がんだったからお酒飲んじゃダメよ！って言われていて、いつもしょぼんとしてたんですよ。その時にふと、お父さんに一番必要なものは自尊心だなと思ったんです。だから「お父さん、美由紀はお父さんがいないと生きていけないの。お父さんが死んじゃったら、お母さんも優作もいなくなっちゃったし、どうやって生きていったらいいの？」って。「お願いだからこれ以上、病気悪くならないでね」って言ったんですよ。そうしたら父親がものすごく嬉しそうな顔をして、「そうか、そうか」って言ってくれたんです。しょぼんとしていた父が目をキラキラ輝かせてよし、俺はがんばるぞ！って。

亡くなる2日前だったかな、もう危険な状態だったから、私は部屋についていてたんです。ベッドの上で父が手を広げて、遠く天井を見ていたんですけど、突然私を呼ぶんです。美由紀……って。なあに？って聞いたら「なにかあったら、俺を頼れよ！」って言って亡くなったんですよ。

志村　そう言ってくれたんだ。

松田　そう、本当にありがたいなと思って。私はなんて素晴らしい両親と旦那さんに囲まれて生きてきたんだろうな、それが私の一番の宝だなって。

志村　すごい宝だね。

松田　私は思うんだけど、財産ってお金とかだけじゃなくて、愛という宝があって、それは自分のことを守り育ててくれるんだと思ってるんです。しかもそれがどんどん増えていって、人に伝えて広がっていく。

志村　本当にそうですね。

いいことも悪いこともひっくるめて

松田　父は本当に自由人で、母にとってはあんまりいい夫じゃなかったと思うんだけど、母親は絶対に父の悪口を言わなかったんですよ。いつも「お父さんは素敵なのよ、お父さんは立派なのよ」って私たちにいつも言っていて、娘たちはその理不尽さをわかっていたんですけど（笑）。でもそれを言い続ける母からたくさんのことを学んだんです。もし母が父のことを愚痴っていたら、また私の人生の価値観は違ったと思うんです。母のたった一人の力で多くの人を変えられるんだなって。

だから本当にささやかでちょっとしたことですけど、運転中に誰かが気持ちよく道を譲ってくれたとか、電車で席を譲ってくれたとか、そういうことで一日が、すごく幸せになったりすごく自由になったりするんだなって。

志村　わかります、それ。以前、私の所に来た高校生が話してくれたんだけどね、その子は学校でいじめられていて、高校1年生の時に死のうと思ったんだって。でも、死ぬ前に東京に来て、電車に乗っていたら若い人がおばあちゃんに席を譲っていて、そうしたらそのお年寄りの人が、今度はその譲ってくれた人の荷物をそっと取って、自分の膝に置いてくれって言うんだって。それを見ていたら涙がどんどん出てきちゃって、知らない人同士の出来事なんだけど、あ、今日は死ぬのやめようと思った。そうやって人のことを見ることができるようになったら、死にたい気持ちがだんだん繰り越しになっていって、今日があるんですっていう人が来たの。
　美由紀さんの話をうかがっていて、何てことない出来事かもしれないけど、そういう一人ひとりが大切なことを日々していて、私たちは生きている、生かされているんだなって、そんなことを思い出した。

松田　本当にそうなんですよね。日本人ってシャイだからか、私はこのダイアログに来て、最初にお会いして一緒に中に入って、最後は別人になって出てくるような人をたくさん見たんですよね。

志村　そうそう。

松田　日本人って、恥ずかしいとか空気読んじゃうとか、自分のことを表現するのが下手な人が多い気がする。他人に声を掛けるのは恥ずかしいとか、変なこと言ったら嫌われるとか、いつもどこかでビクビクしながら思ってるのかなって。

志村　確かにそうだね。

松田　でも、お互いが、伝え合うことができればいいなって。シャイなことも全部悪いことじゃないし、すべてにおいて、裏と表があると思うんです、どっちも裏でどっちも表だと。悪いところと良いところがいつもセットになっていると思えば、人間関係は楽になりますよね。

志村　本当にそう思う。そして自分のことも肯定できるよね。今、世界の中でも日本人って自己肯定感がすごく低いと言われてるんだけど、自己肯定感を高めるためにはやっぱり今みたいなことがとても大事で。自分がダメだと思った時に、ちょっとネガティブな言葉を聞くとそれがもう最後の矢のように感じてしまったりとかするんだけど、でも良いところも悪いところも含めて裏表みたいに、そういうもんだなって思ってもらえたらいいね。

松田　そうですね。そうやっていろんな人が、全然関係ない人同士でも、お互いに大丈夫だよって言われているような、素敵なコミュニケーションができる世の中になりたいな。

志村　美由紀さんの活動は、いつもそれを促してるように見えますよ。

松田　年齢的に自分はあと何ができるんだろう?っていうことは最近いつも考えていて、子どもたちも成長して孫もできて、本当にこれから私に何ができるんだろうって考えたら、自分の唯一の才能は、美しいものを探す力を持っていることかなって最近発見したんです。

志村　うん。

松田　それが絵だったり、写真だったり、人だったり、言葉だったり。私は多くの中から美しいものを探せる力があるから、それを探しにいけばいいんだってこの前思ったんですよ。それを伝えていけば、人の役に立つこともあるかなって、やっとこの年齢でわかった。

志村　自分の生かし方を美由紀さんは考えていて、それを実践しているんですね。そんな美由紀さんから、明日朝起きて、今日いい日だなって思えるようなメッセージをいただきたいんです。

松田　朝起きたあなたに、大丈夫、ハグしてあげるよって伝えたいですね。

志村　朝から美由紀さんのハグ、いいね！

松田　私が言われたい言葉かなと思って、言いました（笑）。

松田美由紀（まつだ・みゆき）

東京都出身。女優、写真家。モデル活動を経て、１９７９年『金田一耕助の冒険』（大林宣彦監督）で映画デビュー。その後はドラマ、映画、舞台と幅広く活躍。俳優業以外にも写真家、映像監督などクリエイティブな活動を展開。近年はシャンソン歌手として音楽活動も精力的に行っている。

見える見えないではなく
どれだけ心で対話できるか、
その人を感じるか

平原綾香《ひらはらあやか》（シンガーソングライター）

声という楽器の存在

平原　本当に真っ暗ですね。

志村　真っ暗でしょう？

平原　今私は左手に白杖を握りしめています。初めての経験を今日させていただいたんですけど、これはね言葉にしちゃうとなんか伝わらないような、うまく伝えられるかちょっと不安になっちゃうんですけど、ぜひともたくさんの人にこの経験をしてもらいたいなって、その気持ちでいっぱいです。

志村　嬉しいです。今はどんな感覚を使っていらっしゃいますか。

平原　暗闇の中を探検するって、最初は怖いのかなとか、ぶつかったらどうしようとか、思っていたんですけど、アテンドしてくださる人がいて、その人の肩につかまったり手を握ってもらったりすると、本当に心が落ち着くんです。仲間がいて、導いてくれる人がいるっていうだけで怖がらず探検できるようになるんですね。これが一人っきりだったら怖いと思うんですけど、光になってくれる人がいる。見える見えないの問題じゃなくて、ここにいると、その人の存在を感じるんです。

志村　そうか。

平原　今日、母も一緒にこの「対話の森」の暗闇に入ったんですけど、手を握った時、母の手ってこんなにもあったかかったんだって思ったんです。母の手って、いつもあったかいんですけど、血の繋がりをあらためて感じるというか、本当に奥の奥の血を触っている感じがして。手を繋ぐシーンでは、スタッフの手も初めて触りましたし（笑）。

志村　そうでしたか（笑）。

平原　もうすぐデビュー20周年ですが、スタッフと手を繋ぐ機会ってなかなかないですけど、こうやって絆や繋がりを感じたりするんだなって。言葉を超えた対話っていうのが存在するんだなって初めて知りました。

志村　本当にそうですよね。音楽もそうでしょう？

平原　そうですね、触れられないし、一方的に歌うだけですけど、聴いてくださる方はそこになにかを感じてくださるんですもんね。

志村　私はあーやの音楽はハグだなっていつも思う。

平原　おー、嬉しいですね。

志村　そもそも歌を歌おうと思ったのはいつからなんですか？

平原　私がちゃんと歌おうと思ったのは、高校3年生でした。大学1年生でデビューしたので、決意した途端にいろんな道が開けたというか。私はサックス専攻で音楽高校に通っていて、文化祭で毎年ミュージカルをやるのがお決まりだったんですけど、高校3年生の時に文化祭で初めてちゃんと人前で一人で歌ったんですね。その時、サックスのほかにも声という楽器を自分は持っているのかもしれないって思って、フワッと気持ちが軽くなって、それが歌手としてもがんばりたいと思った瞬間だったんですよね。でも私は本当に引っ込み思案で、人前で話すことも苦手で、できれば人前に出たくないタイプだったんです。

志村　そうなの？

平原　父（平原まこと氏、日本のマルチサックスプレイヤー）と祖父（平原勉氏、ジャズトランペッター）の存在があって、音楽をちゃんと継いでいかなきゃいけないっていう勝手な使命感があったんですね。だから自分を変えていかなきゃって思っていたので、とにかく今自分ができることをと思って、小学校の頃は班長をやるとか、中学で学級委員長をやるとか、高校で生徒会長やるとか。そういうことを自ら進んでやって、今のうちにたくさん苦労しておこう、今のうちに人前に出て自分を変えていこうと思ったんです。小学校6年生の時の学芸会で『龍の子太郎』という演目をみんなでやったのですが、引っ込み思案な私が、手を挙げてヒロインに立候補したものだから、教室のみんなもびっくりしていました。それまではセリフがない役を進んで選んでいたんですよ。そうやって少しずつ自分を変えていって、高校の文化祭のミュージカルで、歌を歌ったのがきっかけでデビューしました。

志村　そうでしたか。すごいですね、子どものうちから自分で自分のことをちゃんと冷静に見ていて、そしてデビュー。お声もすごいけど『Jupiter』の歌詞もすごくて、どうやってこの歌詞ができたんだろうって。

平原　これはもうみんなでたくさん悩んで、作りましたね。最初は私が全部書きたいと思っていたんですけれども、もう本当に思いがあふれてしまって、この思いをまとめてプロの方に書いていただこうという話になったんです。なので作詞に私の名前は載ってないんですけど、私の歌詞を残してくださっている部分もあって、ほかにもまわりのスタッフがいろいろ「Jupiter」について調べてくれて、木星って地球にとってはお母さんのような存在なんだとか、そういうことを教えてくれたり。

志村　どうしてお母さんのような存在なの？

平原　地球に隕石がぶつかりそうになった時に、木星が身を挺して守ったらしいんですよ。まあそれは大きかったからぶつかっただけなのかもしれないですけど（笑）、でも木星がいなかったら地球はないっていう、守護神のような存在みたいですね。

志村　お母さんみたいだ、本当に。

平原　私がこのホルストの組曲『惑星』の『木星』に出会ったのは大学1年生の時です。大学ではジャズ科でサックスを専攻していました。デビューは決まっていたけれど、デビュー曲はまだ決まっていなくて。ラブソングも候補にありましたし、自分でも作っていたんですけど、どれもしっくりこなくてずっと悩んでいる時に、クラシックの授業で先生が偶然に流してくれたのが、ホルストの『木星』だったんです。聴いた瞬間、涙が止まらなくて、ずっと会いたかった人に会えたような、昔から知っていたような懐かしい気持ちになって、すぐにスタッフに「ホルストの『木星』という曲に歌詞をつけて歌いたい」とお願いしました。9·11への思いと、アシュリー・ヘギさんという難病を抱えた女の子とそのお母さんのことを歌詞に込めたくて、カバーすることを決意しました。

志村　そうだったんですね。

子どもたちの笑顔が見たい

志村　あーやはお父様とお別れして1年ですね。

平原　そうです、今日がちょうど父の一周忌なんです。やっぱり1年経っても寂しさは全く変わらないですし、会いたいって気持ちはいつもあるんですけど、なんていうか、たとえどんなに悲しくても、幸せになれるんですね。守りたいって思うようになったんですね、いろんな人たちを。それはたぶん、父の思いが私にも宿っているんだと思います。あと、父が亡くなってから急にお酒が飲めるようになって、ほかにも不思議なことが起こっているんですよ。だから、より父を近く感じます。

志村　わかります。遠くに行ってしまってもう会えないと思っていたけど、でも不思議なことに、会えないのに近い所にいるんですよね。そういうのって不思議だけどでも本当にそうなんだと思う。

平原　私は昔から暗い所が怖かったんです。あと目をつむるのも好きじゃなかったんです。でも、ここは全く怖くないです。自分が目をつむっているか、開いているか、そういう感覚さえないぐらい本当に真っ暗なので。ここにいるだけで、ずっと瞑想している感じ。子どもたちにも早いうちにいっぱい体験してほしいなって思いました。

志村　そう、子どものうちに体験すると、お友だちの好きな所がたくさんわかったりとかするし、自分のいい部分もなんかわかるんだって。

平原　自分のいい部分。

志村　そう。

平原　私は意外とひょうきんだったんだな……って思いました！　あと、じっとできないなって（笑）。

志村　そうだね、すごく動いてたよね。

平原　たぶんみんながいるからいろいろ動けたんだと思うんですけど、なんかね、とりあえず全体を把握をしたいタイプなんだなって思いました（笑）。どれくらいの広さなのかとか、天井の高さはどれくらいあるのかとか。

志村　新発見でしたか？

平原　そうですね。

志村　あのね、私この前知ったのですが、「平原綾香 Jupiter 基金」っていうのを立ち上げていらっしゃいますよね？　いつ頃からですか？

平原　２０１５年に立ち上げた基金です。今までは、声を掛けていただいてチャリティーコンサートに参加することが多かったのですが、いつか自分の基金を立ち上げたいと思うようになったんです。新潟県の中越地震や、東日本大震災などをきっかけにこの基金ができました。コンサートは『平原綾香 Jupiter 基金 My Best Friends Concert ～顔晴《がんば》れ こどもたち～』というタイトルです。

志村　そうでしたか。

平原　子どもたちを応援するための基金です。寄付先を一つに決めないで、毎年その時々で寄付させていただく場所を決めます。世界でも日本でも、子どもたちの状況を見れば、その国のことがわかりますよね。

志村　本当にそうですね。

平原　子どもたちの笑顔を見たいので、子どもたち中心の基金なんです。

志村　素晴らしいですね。世界中の子どもたちが本当に笑顔で、健やかに育ってくれたらいいなって私も願っているんだけど、今って世界中で日本の子どもが一番孤独を感じているんですよ。
平原　そうなんですか？
志村　ユニセフに幸福度調査というのがあるの。その中の一つの項目の「孤独を感じていますか？」という質問に「はい」と答える子が世界の中で日本が一番多いんですって。日本の子どもたちの自殺率がどんどん増えていて、国連からも日本は大丈夫？って聞かれているんですよ。
平原　そうなんですね……。
志村　私もそれを見た時本当にショックでした。そしてやっぱりそれは大人の責任だなと思って。それで私たちも世界中の「ダイアログ・イン・ザ・ダーク」みたいに、子どもたちに暗闇の中で出会ってもらったり、体験してもらいたいなって。小さなことかもしれないけど、いろんな所で子どもたちのことを思っている方たちとともにやっていけたらと思っていて。
平原　子どもって大人が思う以上にとても繊細ですし、いろんなことを感じて見てますものね。
志村　さっきあーやも言っていたけれど、国の未来は子どもたちをどれだけ大事にしているかで決まると思うんですよね。
平原　そうですよね。
志村　未来を持っている子どもたちのことを大切にできる国でありたいなって思う。
平原　そのために何をすればいいのか、わからない時ってよくあるんですけど、私は昔から、両親やほかの大人たちが真剣に自分の仕事と向き合って生きているのを見てきました。大人の本気って、子どもの心を動かすんですよね。だから、自分もそんなふうにすればいいんだって最近は思います。

あと、やっぱり子どもも大人もストレスを抱えているだろうから、子どもが泣いたらどうしようとか気にせずに家族みんなで聴くことができるコンサートをやりたいと思っているんです。

志村　すごい、素敵！

平原　「SHOUT & CRY」ツアーってタイトルも決めていて、叫んでも泣いてもOK！っていうコンサート（笑）。

志村　いいですね！

平原　席はマットレスにして、みんな寝転んで聴いてもOKみたいな。そんなコンサートで全国を回れたらいいなーって。私の友だちも結婚して子どもがいるので、子どもがいるから今はどうしてもコンサートに行けないのっていう友だちばっかりなんです。だからこそ、そういうコンサートをやりたいと思っています。

信じてくれる人のために

志村　そういえば、もうすぐコンサートがあるでしょう？　クリスマスの。

平原　そうなんです。クリスマスの大事な日に、みんなで過ごせたらいいなと思って開催が決まりました。小学校1年生の時、家でクリスマスパーティーをした際に、母がケーキを作ってくれて、父がターキーを焼いてくれて、姉が飾り付けをしてくれて、私はみんなを撮影するためにビデオを回していたんです。そして、みんなで「いただきます！」をしようとしたら雪が降ってきて。私はビデオを回しながら泣いちゃったんです、幸せで。

志村　そんな思い出が。

平原　そういう経験があるんですよね。本当に何気ないことに感動できたあの頃に、また戻れたような気がします、今日。やっぱり見えるとか見えないとかそんなの関係なくて、どれだけ心で対話できるか、その人を感じるか。どんなに暗くて先が見えなくても、自分が輝いていたらきっとまわりも自分を見つけてくれて集まってくれるし、もしかして自分が誰かの道しるべになれるかもしれないし。今も真っ暗の中にいるんですけど、そういう昔のことも思い出すし、今の自分のことも考えるし、怖くないっていうか……楽しいですね。

志村　じゃあ、もう大丈夫だね。

平原　はい、一人で生きていけます。いや生きていけないわ、やっぱり（笑）。

志村　仲間がいっぱいいるから大丈夫だよ。

平原　そうですね、仲間がいる。

志村　最後にこのラジオを今お聴きになっている方たちに、あーやからメッセージをいただきたいんです。明日朝起きて、その時に「あ、なんか今日いいぞ」って思えるそんなメッセージ。

平原　うーん、どうだろう。あのね、『Jupiter』で「夢を失うよりも 悲しいことは 自分を信じてあげられないこと」っていう歌詞があるんですけど、私は自分を信じられなくてもいいと思っているんです。というのは、まわりに自分を信じてくれる人がいると思った時に、自分自身じゃなくてそのまわりにいる人を信じるっていうことが、本当に自分を信じるってことだと思うんですね。いつもいいわけじゃないし、ダメな自分もいるわけだから、そんな時に自分を信じろって言われても、できないと思う。だから私は自分を信じるんじゃなくて、自分を信じてくれている人を信じる。そのために、その人たちを幸せにできる自分になれるようにがんばろうって思える。がんばれがんばれって言われて無理している人も多いし、自分を信じなさいって言われたりすることも多いと思うんですけど、そんな気持ちで気軽にいたほうが自分を信じられるのかなと思うので、ぜひ明日からもがんばってくださいね！

志村　素敵なお話ですね。そう、ダメだなぁって思う時あるものね。

平原　この考えになれたのも母の言葉なんですけど、「本当につらい時ってどうすればいいの？」って質問したことがあって、そしたら「つらい時ほど人のために生きなさい」って言われた時に、そういうことか！と思ったんですよね。自分を見つめるんじゃないんですね、実は。

志村　あーやのお母様、ありがとうございます。私も今、その言葉に元気をいただきました。

平原　今日は私がこの「対話の森」で元気をもらったので、たくさんの人に、まだまだここを知らない人たちに知ってもらいたいですね。もう今日は眠れないような、すごくぐっすり眠れそうな、そんな気がします（笑）。

平原綾香（ひらはら・あやか）
東京都出身。シンガーソングライター。音楽大学在学中にホルストの組曲『惑星』の中の『木星』に日本語詞をつけた『Ｊｕｐｉｔｅｒ』でデビュー。日本レコード大賞新人賞をはじめ様々な賞を受賞。その後もドラマ主題歌やＮＨＫトリノオリンピックテーマソングなどを手掛ける。音楽活動のほかドラマやミュージカル、映画の吹き替えなど幅広く活動中。２０２３年にデビュー２０周年を迎える。

笠井信輔さん

コロンえりかさん

小島慶子さん

間 光男さん

一青 窈さん

及川美紀さん

小林さやかさん

森川すいめいさん

平原綾香さん

松田美由紀さん

DIALOGUE with Attendants at J-WAVE

暗闇のスペシャリストである「ダイアログ・イン・ザ・ダーク」のアテンド、ハチとニノをゲストに迎えた特別編。収録はJ-WAVEのスタジオで行いました。様々な情報を聴覚から得る二人にとって、音が吸収されるスタジオの環境やヘッドホンをつけての対話は、普段と異なる「非日常」な体験。

黙っていたら助けてもらえない

志村季世恵（以下、季世恵） ヘッドホンから、自分の声聞こえてくるね。

ハチ ね。

季世恵 なんだか恥ずかしいね。

ハチ 恥ずかしいです。

ニノ あー、聞こえてます。

ハチ 聞こえてます。

ニノ ハチさん遠くに聞こえる、遠いところにいる感じ。

ハチ ね、ニノが近くにいる感じしないね。

季世恵 いつもと違う環境だけれど、そろそろ始めてみようか。よろしくお願いします。

ハチ・ニノ よろしくお願いします。

季世恵 じゃあ二人に質問始めちゃうよ。

ハチ・ニノ はい！

季世恵 まずはハチに聞いてみていい？ ダイアログに入ったのはいつだったっけ。

ハチ 私は２００９年の6月からです。梅雨の時期だったなっていうのを覚えてます。

季世恵 ハチがダークに来た当初は、まだあまりお話ししなかったから、恥ずかしがり屋なのかと思ってたんだけど、どんどん、メキメキと変わっていったよね。

ハチ みんなにもよく言われるんですよ。

季世恵 そう、人見知りな感じだったもんね。

ハチ そうですね。どちらかというと人見知りなので、子どもの時から。

季世恵 そうかぁ。何がもとで変わったんだと思う？

ハチ 私はもともと弱視だったんですね。今はもう光ぐらいしかわからないんですけど、白杖を持って出歩くようになったのが高校2年生なんです。で、道に迷った時に黙っていたら誰も助けてくれないっていうのがわかって、「助けてください」って自分で言うようになって。

季世恵 あぁ、そう。

ハチ 自分から話しかけると助けてもらえるし、そこから話が広がっていったりして、人と関わるというか人との繋がりって楽しいなって思うようになって。そこからだんだんと今の性格に。

季世恵　ハチを見ていてね、アテンドをしていくうちに変わっていったんだろうなと思ってた。人を信じられるようになったからじゃないかなって。

ハチ　そうですね。それは大きくあって、私自身どんどん自己肯定感が上がっていくのを感じるんですよ。お客様と会って「ありがとう」とか、「一緒に遊ぼう」とか言ってもらったりして、本当に人と人の繋がりっていいなと思えたり、実際に頼ってもらえるとすごく嬉しいし、「楽しかったよ」と言われた時に、あ、私アテンドやっててよかったと思えて。それでどんどん自分のことを好きになって、仲間もみんな優しいから大好きだし、そういう人に助けられて私は成長したんだろうなって思います。

季世恵　いい成長だね。

ニノ　いいねえ。

季世恵　ニノはいつからダークに入ったんだった？

ニノ　私は２０１９年のアテンドスクールに通って卒業してダイアログに入って、３年経ちましたね。スクールに通う前、私はネパールから日本に来て大学で日本語を勉強していて、その後就職活動をやってたんですけど、なかなか仕事が見つからなかったんですね。そんな時スクールに入って、もうネパールに帰らないといけない状況になった時、真ちゃん（志村真介氏）と季世恵さんがダイアログでがんばったらどう？と言ってくれたからこそ、今ここにいるなといつも思うんです。つい最近就労ビザを更新できて、それもダイアログのおかげ、お二人のおかげだなと思います。

季世恵　おめでとう。よかったね。

ニノ　日本に来ていろいろあったんですけど、まだここにいる、まだがんばれるってことを考えると私はラッキーだなと思うし、皆さんのおかげと思う。

季世恵　二人は自分の仕事を通して、どんなことを感じているのかあらためて聞いてもいい？

ハチ　そうですね、やっぱりコロナ禍はお客様同士の安全と安心を守るためにがんばったんですけど、今はちょっとずつ緩和されてきて再びお客様と近い距離で接することができると、あらためてまたお友だちになれる感覚があって。親戚の集まりとか同窓会みたいな近しい感じになってきました。

季世恵　なってきた？　やったー！

ニノ　やっぱり人は人のことが好きだということをあらためて感じたりとか、人は人との距離がないほうが本当は喜ぶということを感じたんだよね。

ハチ　そうそう！

ニノ　コロナ禍では近づきたくてもできなかったし、みんな我慢してたんだね。

ハチ　お互いに人を感じるっていうことを求めてたんだなって。私たちもそうだし、お客様もそうなんだなって最近本当に強く感じます。

季世恵　そうか。前からそうだったのが、コロナで一回止まった状態になって、今あらためて深く感じるようになったたっていうことだよね。

ニノ　そうですね。

季世恵　そういうことを仕事を通して感じて、それは二人にとっても心地いいことだね。

ハチ　それが、仕事というかアテンドの時だけじゃなくて、街中に出ていく時の気持ちも変わるんですよ、不思議なことに。アテンドでお客様と接して帰る時とか、満員電車がなんか気持ちよくなるんですよ。

ニノ　今、ダイアログの暗闇の中には電車があるんですけど、電車に乗る時、お互いに助け合いながら進んだり、迷った人に対して声を掛けたりするんですよね。私は日常で満員電車に乗ったりもするんですけど、扉が閉まりますっていう時に電車のドアの前にいたら、中の皆さんが乗って乗ってと言って引っ張ってくれたりするんです。目が見える皆さんがダイアログのお客様同士として、暗闇の中でそれをやっているということは、みんな心は同じだと感じるんだよね。これが社会でも広がったらいいよね。

季世恵　広げたいね〜！　本当はそれを望んでいるのに、そこに行けないなにかがあるんだもんね。でもそれを信じられるようになったのっていいよね。

自分の良さに気づく暗闇

季世恵　ダイアログの暗闇に入ってもらうのって、二人からするとどんな感じなの？

ハチ　私たちの世界にようこそっていう感じはありますね。いらっしゃいませ、一緒に遊びましょうみたいな。

ニノ　あと、皆さんが自分のことを感じたり考えたりする世界とも言えるんじゃないかな。普段感じてない自分、知らなかった自分を知る機会にもなる。

ハチ　そうだね、ご自身の内面の世界にようこそっていうことでもあるね。

季世恵　最初は内面に気づけないもんね、不安がいっぱいで。だけどその暗闇を知っていて案内できるアテンド、ハチやニノたちがいるからみんな内面の世界にまでいくことができるんだもんね。

ニノ　もう一つ、皆さんそういう機会や場がないんだと思うんだよね。ダイアログだからこそ、それができるんじゃないかな。

ハチ　ここまで心をひらける所ってないかもしれないね。

季世恵　そうだね。暗闇を案内する時にどんなことに気をつけたり、心掛けてたりしてるの？

ハチ　そうですね……。まずは私が信用してもらえるように、ついて行こうって思ってもらえるように雰囲気作りというか、なんでも言ってくださいねっていう心でいます。

ニノ　私は「自分」でいることと、仲間としてともに行きましょうという感じ。特別になにかやっているというよりも私は「自分がそこにいる」ということかな。仕事ということじゃなくて、アテンドのニノも普段のニノも一緒にそこにいるということだと思いますね。

ハチ　作った自分じゃなくて、日頃から積み重なっている自分がお客様と出会っている感じがするよね。

ニノ　外ではあまり声を出したりとか話したりしなかったりする皆さんも、暗闇の中に入ったら変わるし、自分の心から自分を出そうという感じがする。だから普段はやってなくても、私たちと一緒になってやれることがいっぱいあるんじゃないかなと思っているんだよね。

季世恵　ニノはよく、「日本人はとてもよい文化をもともともっているんだから、もっと自信を取り戻してほしい」って言っているよね。

ニノ　そうですね。ネパールから日本に来て、日本はすごく豊かな文化をもった国だと思うんです。「感謝の気持ちを伝えましょう」とか、お互いに支え合いながら生活しようとか、この社会を優しくよいものにしようということを、子どものころからお母さんたちが一生懸命教えていたりするんだよね。もちろんネパールでもそういう文化はあるけれど、日本はもっと深い。そういうことを習いながら育ってきた日本の皆さんがもう一度、どうしたら優しい社会が実現できるかを考えられるように、ダイアログががんばれたらいいなと感じています。

季世恵　そうよね。ダイアログは世界中で行われているんだけど、日本のやり方に対しての興味がすごく大きいの、ほかの国から。例えば、日本以外ではニックネームで呼び合ったりしなくて、お客様同士も関わらないままガイドに従って暗闇を案内されておしまいだから、あんまり関係性が構築できないんだよね。もうちょっとそういう関わりがあっていいんじゃないかって思い始めている国もあって。人と繋がるのがいいんだってことを、コロナ禍でほかの国も思い始めたんだなと感じたよ。

ニノ　ニックネームは日本のすごいところだと思いますね。自分の名前を呼ばれていることに安心や喜び感じるんだよね。人との繋がりを感じるんじゃないかな。

自分が今ここにいる

志村真介（以下、**真介**）　そういえば、世界中のダイアログ・イン・ザ・ダークの暗闇の中で一番話されている言葉があるんだけど、なんだと思う？

ニノ　え〜、なんだろう？　ハチさん知ってる？

ハチ　知ってるよ。「私はここにいます」って言うんだよ、「I'm here」って。

季世恵　そう、「I'm here」私はここにいるよって言うのと、あと次に、「あなたはどこにいますか？」って言うでしょ。日本の場合は「ハチ、どこ？」って。

ニノ　そうですね、名前で呼ぶんだよね。

真介　普段いろんな肩書きとか立場とかある人が暗闇に入ると、それがフラットになっていくじゃない。そのきっかけとしてニックネームがあると思うんだけど、ただ単に自分がここにいるっていうことを伝えるだけじゃなくて、きっと「本来の自分が今ここにいる」っていうことに気がつく瞬間があるんだろうね。さっきニノが「自分が自分らしくあること」って言ってくれたけど、お客様もアテンド自身も暗闇の中で自分との対話も同時にしていると思うんだよね。自分ってなんだろうって。だから「I'm here」の中にそういう、自分はこうだったなっていう気づきみたいなものも含まれているのかも。

ハチ　そうですね。暗闇の中で、確かに「I'm here」と言っています。どういう気持ちで言っているかというと、もちろんお客様が迷わないように、そして、安心してくれるようにと思っているんですが、それにプラスして私自身も、私がいることでお客様が安心してくれるんだ、という気持ちがありますね。

季世恵　「I'm here」を、ハチはどう感じている？

季世恵　そっか、そうなんだね。これってダイアログだからこそなんじゃないかな。世の中にはいろいろな仕事があるけど、仕事の場で個としての自分も成長するって、なかなかないことじゃない？

ハチ　ほんとにそう。会社にいる時の自分は、個としての自分とかけ離れている気がする。ありのままの自分でいられてそれが活かされる仕事の場って、なかなかないなって思う。

季世恵　ハチが、私のままでここにいていいんだと思えるから、お客様にも「ここにいるんだよ」と言ってあげられるんだろうね。

ハチ　自分を受け入れると人に優しくなれる、自分が自分を好きになることで、人をもっと好きになれることと、実感しています。

季世恵　だから、私の存在とあなたの存在はどちらも同等に大切なもの、なんだよね。大人とか子どもとか、肩書とか関係なく溶け合った中での、ハチの「I'm here」とお客様の「I'm here」は溶け合っているんだね。

ハチ　溶け合っていますね。

季世恵　ニノは、どう感じているの？　暗闇の中での「I'm here」について。

ニノ　時々お客様に、「皆さん最近自分の時間を取っていますか？」と質問すると、寝る前まで携帯電話をいじってるとか、朝起きたらずっと携帯と一緒とか、だから自分と対話したりする時間はないと言うんですね。

季世恵　そうね、家族といたって、家族に「おやすみ」って言うよりも、携帯見ながら寝ちゃう人ってきっと多いもんね。

真介　時計と携帯を90分強制的に見なくするこのダイアログは、デジタルデトックス効果もあるかもね（「ダイアログ・イン・ザ・ダーク」には何も持ち込めない）。

ハチ　暗闇よりも携帯がないことが不安だとおっしゃる方、いらっしゃるんです。怖いって。ビジネスマンの方はとくに。

真介　それはきっと、繋がりが切れる感じがするから怖いんじゃないかな。

ハチ　人との繋がりが、携帯を通してっていうことになっちゃってるんでしょうね。

季世恵　そうだね、リアルじゃなくなっちゃったんだね。

ニノ　暗闇では遊ぶ心でみなさん入るけど、「普段、公園に行ったり散歩したりする？」と聞くと、友だちと公園に行くけど、一緒に携帯を見ながら散歩してたよと言われたり。散歩は一人の時間じゃないの？と聞くと、そこまで考えたことがない、と言われることもあるんだよね。

季世恵　こういう話をしていると、ダイアログを通して伝えていきたいことがちょっとずつ見えてくるね。

二人はさ、ダイアログやダイバーシティミュージアムを通して、どんなことを実現したいって思ってる？

ハチ　私は優しい社会っていうのを目指していきたい。暗闇ではお互いにぶつかっちゃったらごめんねって言って、でもいてくれてありがとうって思えるじゃないですか。でも一歩外に出たら、「チッ」てなっちゃうのが本当にみていてつらいので、社会が暗闇の中みたいになるといいなって本当に思っていて、それってダイアログにしか実現できないなと思っているので、広げていきたいです。

ニノ　やっぱり人を大事にしてもらいたいんだよね。人